海螺沟:
贡嘎之魂

甘孜州海螺沟景区管理局
中国科学院、水利部成都山地灾害与环境研究所 著

科学出版社
北 京

内 容 简 介

　　海螺沟是横断山系最高峰与青藏高原东缘极高山地贡嘎山东坡的冰川侵蚀河谷，本书内容包括海螺沟冰川与贡嘎山雪山景观、海螺沟森林与垂直自然带谱景观、海螺沟热矿泉与磨西古镇等，以跨越40余年科考积累的400余幅照片为主并配以简明科普解说，展示了海螺沟冰川森林公园以及贡嘎山西坡、北坡的景观特色。

　　本书适合自然地理爱好者、风景名胜区与自然保护区管理人员、相关专业和学科科研人员阅读。

图书在版编目（CIP）数据

海螺沟：贡嘎之魂 / 甘孜州海螺沟景区管理局，中国科学院、水利部成都山地灾害与环境研究所著 . -- 北京：科学出版社，2020.9
ISBN 978-7-03-066090-9

Ⅰ . ①海… Ⅱ . ①甘… ②中… ③水… Ⅲ . ①科学考察－甘孜 Ⅳ . ① N82

中国版本图书馆 CIP 数据核字 (2020) 第 172829 号

责任编辑：张　展 / 责任校对：彭　映
责任印制：罗　科 / 封面设计：四川胜翔

科 学 出 版 社 出版
北京东黄城根北街16 号
邮政编码：100717
http://www.sciencep.com

四川煤田地质制图印刷厂印刷
科学出版社发行　各地新华书店经销
*
2020 年 9 月第　一　版　　开本：889 × 1194 1/16
2020 年 9 月第一次印刷　　印张：16 3/4
字数：400 000

定价：330.00 元

本书编委会

贡嘎山卫星影像图

白色为冰川、积雪与云斑，棕黄色为草甸与灌丛，绿色为森林。

①海螺沟冰川；②磨子沟冰川；③燕子沟冰川；④南门关沟冰川；⑤贡巴冰川；

⑥湾东沟冰川；⑦日乌且冰川；⑧白海子冰川

前言

　　贡嘎山是青藏高原东缘的极高山地，也是横断山系——地球大陆上最宏伟的南北走向并列高山峡谷区域的最高峰，海拔7556米，被称为"蜀山之王"。海螺沟位于贡嘎山东坡，谷全长30.7千米，不仅是全球相对高差最大的地方之一，还是冰川与温泉、冰川与森林共生之地。海螺沟冰川作为距大都市最近、人类最易进入的低海拔现代冰川，原生性强、生物多样性丰富、垂直景观生态系统，具有重大的观赏与科学研究价值。

　　海螺沟景区于1987年正式营业，是贡嘎山国家级风景名胜区、国家级自然保护区的重要组成部分，是国家森林公园、国家地质公园、国家生态旅游示范区、国家5A级旅游景区。海螺沟以圣洁的高山雪山、磅礴的冰川景观、丰富的雪域温泉、多样的生物资源、奇特的红石景观、厚重的文化底蕴等闻名于世。

　　20世纪80年代初，中国科学院、水利部成都山地灾害与环境研究所（简称成都山地所）在海螺沟建立了中国科学院贡嘎山高山生态系统观测试验站（简称贡嘎山站），专注研究贡嘎山和海螺沟的地质、生态等，经过40年的科学研究，积累了丰硕的研究成果，该所陈富斌研究员对研究成果进行了整理。在甘孜藏族自治州（简称甘孜州）建州70周年之际，甘孜州海螺沟景区管理局与中国科学院、水利部成都山地灾害与环境研究所联合推出贡嘎山海螺沟科考图册，以纪念40年科考的艰辛。

　　海螺沟冰川森林公园景观类型与景点分布图如图1所示，贡嘎山景观生态结构综合剖面图如图2所示，海螺沟冰川森林公园第一批景点目录见附录。

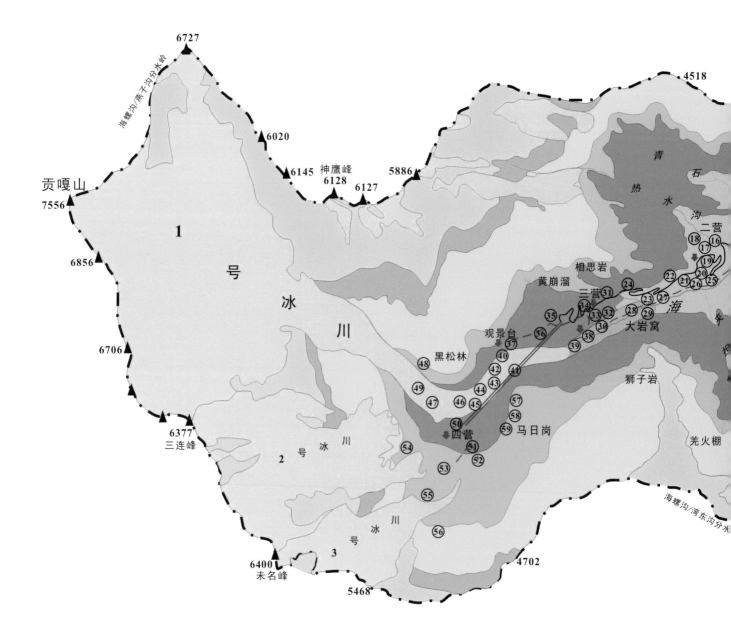

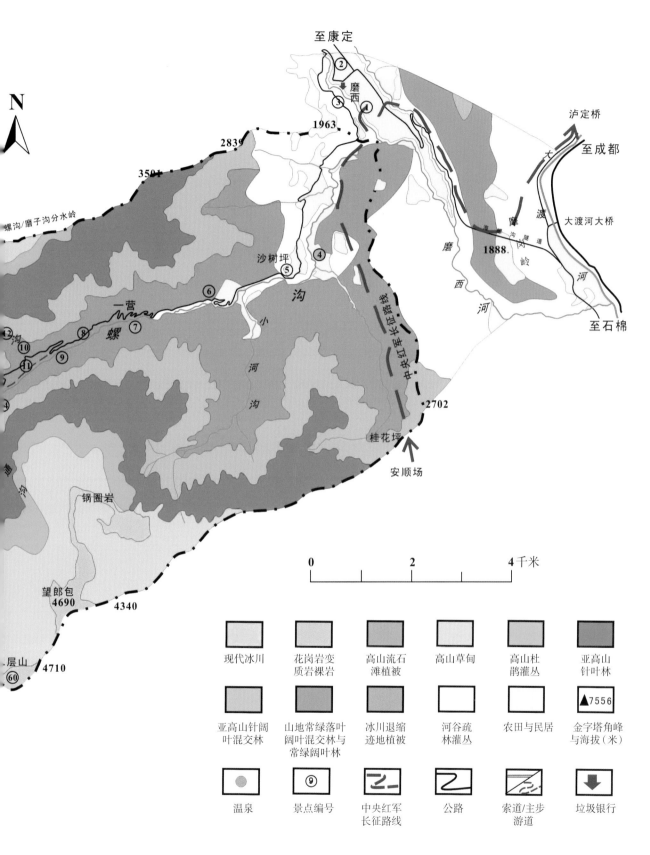

図1 海螺沟冰川森林公園景観類型与景点分布図

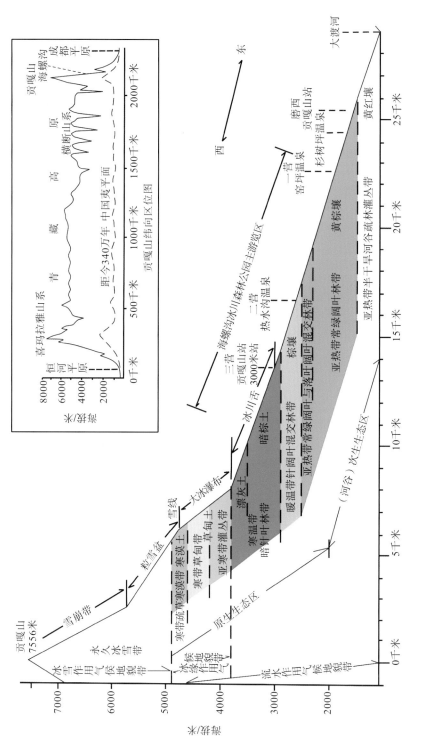

图2 贡嘎山景观生态结构/高山生态系统综合剖面图（沿海螺沟方向）

本书资料的积累得到如下单位、组织和个人的参与：

1）单位、组织提供的照片

成都山地所多年科考的照片；甘孜州海螺沟景区管理局（简称海螺沟景区管理局）组织、资助和积累的海螺沟/贡嘎山摄影考察的照片；四川省地质矿产勘查开发局区域地质调查队（简称四川省区域地质调查队）2009～2011年海螺沟国家地质公园规划考察的照片；四川省登山协会2010年考察燕子沟的照片；康定县科委2000年考察白海子山的照片。

2）个人提供的照片

林强、邓明前、江卫平、郑汝宏、印开蒲、卢伟等拍摄的照片。

目录

海螺沟自然灾害

**磨西河冰川地貌
与人文景观**

**贡嘎山西坡、北坡
冰川地貌景观**

贡嘎山山地科学考察

1

海螺沟冰川
与贡嘎雪山景观

1.1 贡嘎山主峰
与终年雪峰群

沿海螺沟分水岭，分布着海拔5600米以上的终年雪峰19座，其中海拔6000米以上的雪峰12座，以贡嘎山主峰为中心，分为北东－南东走向的北列雪峰群和南东走向的南列雪峰群。

三连峰

6350米　　6377米　　　6409米　　　　　　　　6706米　6670米

贡嘎山
7556米

神鹰峰
6128米

6210米　6127米

孙中山峰
6886米

贡嘎山主峰及其东坡冰蚀峰群　摄影：林强，1987年6月，二层山

贡嘎山主峰：

海拔7556米，金字塔形冰蚀二长花岗岩角峰，向西北眺望的塔高约1300米、塔基宽3.5千米，为雅砻江／大渡河分水岭的大雪山脉最高峰。

北列雪峰群（大雪山脉支脉的海螺沟／燕子沟分水岭─海螺沟／磨子沟分水岭）：

6727米峰　金字塔形冰蚀花岗质混合岩角峰，向北眺望的塔高560米，塔座宽1.5千米，为海螺沟／燕子沟分水岭的主要山峰，也是海螺沟／磨子沟／燕子沟三大冰川的界山。

神鹰峰　海拔6210米、6127米、6128米三峰联体的金字塔形冰蚀花岗质混合岩角峰，向西北眺望的峰塔最高330米、塔座宽0.5千米，联体塔高420米，塔座宽1.8千米，处于海螺沟／磨子沟分水岭。

5886米峰　金字塔形冰蚀花岗质混合岩角峰，向北眺望的塔高200米，基座宽0.8千米，为热水沟的源区，处于海螺沟／磨子沟分水岭。

孙中山峰　海拔6886米，是磨子沟/燕子沟分水岭的最高峰，也是大雪山脉第二高峰，与贡嘎山主峰相距仅6千米。向北眺望为冰帽型花岗质混合岩峰顶，而从二郎山、峨眉山等高地向西眺望，为一高约700米、基座宽4千米的金字塔形角峰与贡嘎山金字塔相伴。

南列雪峰群（大雪山脉主分岭）：

6706米峰　海拔6670米、6706米双峰并联的金字塔形冰蚀二长花岗岩角峰，向西眺望的联体塔高330米，基座宽1.5千米。

三连峰　海拔6490米、6377米、6350米三峰联体的金字塔形冰蚀二长花岗岩角峰，向西眺望的峰塔高100～200米、塔座宽0.3～0.5千米，联体塔最高750米，基座宽3千米，是景区易见雪峰之一。

未名峰　海拔6400米，金字塔形冰蚀二长花岗岩角峰，向西眺望的塔高800米，底宽3千米，是景区易见之雪峰。

未名峰
6290米　　　6400米

三连峰
6350米 6377米 6409米　　　　6706米 6670米

贡嘎山
7556米

神鹰峰
6210米 6127米 6128米

贡嘎山主峰及其东坡冰蚀峰群　摄影：林强，1987年6月，二层山

贡嘎山晨曦与海螺沟—磨西河—大渡河云海
摄影：海螺沟景区管理局供稿，江卫平，2012年10月，二层山

黎明前夕，天空深黑寂寥，万物沉睡。当十月清晨的第一缕阳光划破深蓝的天空，照在贡嘎山顶，皑皑白雪好像被火焰点燃，镀上一层醉人的玫瑰色，群山在这一刻苏醒过来，云海开始沸腾，人间万物温暖。沧海桑田，万古长夜漫漫，贡嘎如同黑夜里守夜的神祇，迎来一个又一个黎明。

贡嘎山晨曦与海螺沟云海
摄影：海螺沟景区管理局供稿，2010年10月，二层山

孙中山峰及其南坡磨子沟冰川形成区景观，近景裸岩为海螺沟/磨子沟分水岭
摄影：林强，1987年6月，二层山

未名峰与海螺沟河谷，峰侧为2号冰川，谷坡森林为暖温带阔叶混交林
摄影：江卫平，2016年10月

日照金山：未名峰晨曦　摄影：海螺沟景区管理局供稿，三营

日照金山：未名峰晨曦　摄影：海螺沟景区管理局供稿，三营

三连峰　摄影：成都山地所供稿，陈富斌，1991年11月，三营

日照金山：三连峰晨曦　摄影：海螺沟景区管理局供稿，唐保安，2014年10月，三营

未名峰（左）、三连峰（右）及其间的2号冰川　摄影：左／文月，2008年2月；右／杨桦，2012年9月

未名峰－三连峰晨曦　摄影：海螺沟景区管理局供稿，2006年9月，三营

日照金山：末名峰 – 三连峰晨曦　摄影：海螺沟景区管理局供稿，上／2009年10月，下／2014年12月，三营

未名峰-三连峰晨曦　摄影：海螺沟景区管理局供稿，江卫平，2011年7月，三营

三营冬季晨景　摄影：江卫平，2018年1月，三营

　海螺沟：贡嘎之魂

1.2 海螺沟冰川概貌

海螺沟有冰川36.44平方千米，占贡嘎山冰川总面积的14.2%和海螺沟流域面积的18.2%；冰储量4.1177立方千米，占贡嘎山冰川冰储量的16.5%。包括山谷冰川3条和悬冰川、冰斗冰川等8条。3条山谷冰川均源于贡嘎山主峰分水岭的东坡，其中主谷源头的1号冰川源于主峰，2号与3号冰川分别源于主峰南侧未名峰（海拔6400米）的南北两侧；其余冰川多源于大雪山脉东支的海螺沟/磨子沟分水岭的南坡。

海螺沟冰川的规模与类型如表1-1所示。

表1-1 海螺沟冰川规模与类型

编号	面积（平方千米）	长度（千米）	平均厚度（米）	冰储量（立方千米）	海拔（米）	类型	资料来源
1号冰川	25.71	13.1	130	3.3423	2980~7556	山谷冰川	《中国冰川目录》（1991）
2号冰川	7.67	5.6	87	0.6673	3600~6400	山谷冰川	
3号冰川	1.44	4.3	48	0.0691	3748~6400	山谷冰川	
其他冰川	0.26~0.66	0.8~2.0	19~29	0.0049~0.0191	4720~6128	悬冰川、冰斗冰川等	航摄地形图（2012）

海螺沟源区冰川地貌与晨景。自左而右：3号
冰川与未名峰，2号冰川与三连峰，1号冰川与
贡嘎山主峰，神鹰峰冰斗冰川群
摄影：江卫平，2011年10月，长草坝沟南垭口

海螺沟源区冰川地貌与秋景。自左而右：3号
冰川与未名峰，2号冰川与三连峰，1号冰川与
贡嘎山主峰，神鹰峰冰斗冰川群
摄影：江卫平，2011年10月，长草坝沟南垭口

贡嘎山主峰与海螺沟1号冰川形成区的晨景　摄影：林强，1987年6月，二层山

海螺沟1号冰川概貌：贡嘎山主峰及其东坡的粒
雪盆（上），大冰瀑布（中），冰川舌（下）；
冰舌进入原始森林
摄影：成都山地所供稿，
左上／金昌平，1985年10月，长草坝
左下／陈富斌，1993年11月，长草坝
右／陈富斌，1997年10月，长草坝

海螺沟1号冰川概貌：贡嘎山主峰及其东坡的粒雪盆（上），大冰
瀑布（中），冰川舌（下）；冰舌进入原始森林
摄影：海螺沟景区管理局供稿，长草坝
上／谭智泉，2011年10月；下／文月，2010年3月

海螺沟1号冰川概貌：贡嘎山主峰及其东坡的粒雪盆（上），大冰瀑布（中），冰川舌（下）；冰舌进入原始森林

摄影：海螺沟景区管理局供稿，2014年12月，长草坝

2号冰川区冰蚀地貌与植被（高山草甸、高山杜鹃灌丛、亚高山冷杉林）分带景观
摄影：贡嘎山站供稿，陈富斌，2003年11月，长草坝

1号冰川（右）与2号冰川（左）区概貌　摄影：贡嘎山站供稿，陈富斌，2003年11月，长草坝

2号冰川（中）区冰蚀地貌与植被（高山草甸、高山杜鹃灌丛、亚高山冷杉林）分带景观
摄影：成都山地所供稿，陈飞虎，2018年1月，长草坝

2号冰川从粒雪盆溢出之盆口景观　摄影：海螺沟景区管理局供稿，长草坝

2号冰川冰瀑布上界景观
摄影：成都山地所供稿，陈飞虎，2018年1月，长草坝

2号冰川粒雪盆南缘显露的冰体及其上方的雪崩堆积
摄影：成都山地所供稿，陈飞虎，2018年1月，长草坝

1.3 海螺沟1号冰川

冰川形态

1号冰川是海螺沟景观的主体。该冰川由粒雪盆（海拔4800～7556米）、大冰瀑布（海拔3700～4800米）与冰川舌（海拔2980～3700米）三级阶梯组成（图1-1）。粒雪盆面积19.2平方千米，盆壁布满巨大的雪崩槽，盆壁下部为互相连接、高150～300米的大型雪崩锥群环绕，盆底冰面纵坡降104‰，是冰川的形成区（冰川积累区）。大冰瀑布宽0.5～1.2千米，高1100米，冰面纵坡降611‰，是我国最高大的冰川瀑布，也是迄今全球最高大的冰川瀑布。大冰瀑布以下的冰川舌长5千米，宽0.3～0.7千米，全部伸进原始峨眉冷杉林带，冰面平均纵坡降148‰。大冰瀑布与冰川舌是冰川的消融区。

冰川厚度

1号冰川的冰体厚度，在粒雪盆的盆底为120米，在大冰瀑布为17～30米，在冰川舌为40～218米。雷达在冰川舌测量的4条剖面冰体的厚度如表1-2所示，根据实测与调查推算的冰川等厚度图如图1-2所示。

表1-2　海螺沟1号冰川冰舌段冰体的实测厚度

冰面	冰面宽度	冰体平均厚度	冰体最大厚度
3050米剖面	310米	88.5米	130米
3125米剖面	350米	108.1米	147米
3300米剖面	425米	118.9米	189米
3530米剖面	600米	141.3米	218米

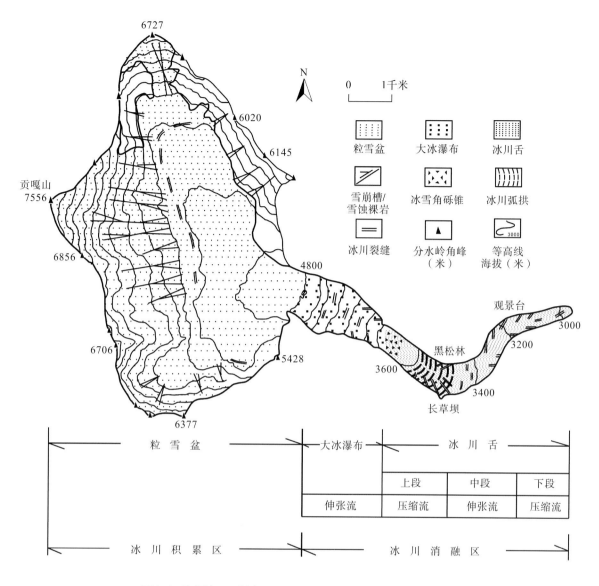

图1-1 海螺沟1号冰川景观平面图［据李吉均等（1983）改编］

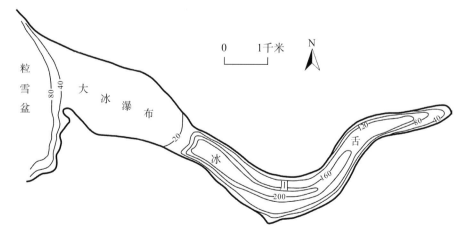

图1-2 海螺沟1号冰川等厚度图

［单位：米；据冯兆东（1986）与李吉均和苏珍（1996）改编］

冰川运动

海螺沟1号冰川的平均运动速度，粒雪盆溢出口附近＜140米/年，大冰瀑布坡脚为350米/年，冰舌上段为160～220米/年，冰舌中段为60～160米/年，冰舌下段（前段）为15～60米/年，如图1-3所示。

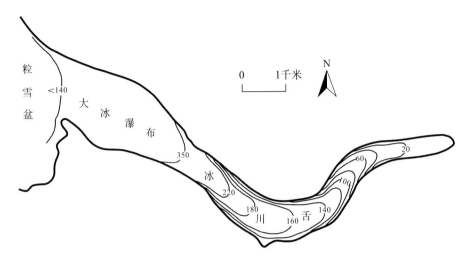

图1-3 海螺沟1号冰川等速度图

[单位：米/年；据冯兆东（1986）与李吉均和苏珍（1996）改编]

冰川消融与补给

海螺沟冰川为海洋性冰川，冰层温度较高，因而消融强烈。每年3～11月为冰川消融期，5～10月为冰川强烈消融期。据兰州冰川冻土研究所对海拔2960～3530米冰面的观测（1982年8月～1983年8月），冰川的平均年消融深（冰川消融绝对值）为431～796厘米。也就是说，冰川的舌部每年冰体厚度要融化4.3～8.0米。

1号冰川运动速度较快，因而补给也比较充分。据贡嘎山站跨冰川的2条横剖面对冰面地形的观测（1988年10月～1989年5月），冰舌中段的冰面高度年平均降低或实际上冰体减薄1.85米，说明消融的75%的冰川冰已由新的冰川冰补给。

在总体上，海螺沟冰川很多年来的消融量大于补给量，从而产生了如下的结果：

冰舌末端显著后退 1号冰川冰舌末端的平面位置，与1580年前的冰进相比后退约3千米。其中：1930年10月～1966年12月后退1150米，年均32米；1966年12月～1981年1月后退177.8米，年均12.7米；1981年1月～1982年5月稳定；1982年5月～1989年12月后退170米，年均21.2米；1990～1995年后退105米，年均17米（苏珍等，1998）。冰舌末端的海拔亦从1966年12月的2850米上移到2008年的2960米。

形成奇异的冰川消融景观群 冰川消融是冰川成景作用的重要条件之一。随着冰川的强烈消融而出现的体态各异、造型奇特的冰川风景景观，具有很高的观赏价值。

冰川景观的成因分类

沉积变质景观 如冰岩、沉积冰、变质冰、动力变质冰（含兰冰条带与大量扁平气泡）、冰川层理、底层冰、冰雪角砾岩与冰川年层等。

海螺沟冰川的底冰层（复冰）比较发育，厚2～4米，细层理明显并含大量岩屑与长径0.2～0.4米的砾石，指示冰川的底部滑动积极，侵蚀能力很强。

冰雪角砾岩是大冰瀑布坡脚的冰雪崩堆积物，由破碎的冰川冰、粒雪与少量岩屑混合而成，状若山麓角砾岩。随着冰雪崩年复一年的堆积和不断地向下运动，冰雪角砾岩逐渐转变为具有条带状构造的动力变质冰。

冰川年层是指年复一年的雪-冰积累层。粒雪盆的连续年层，记录了逐年环境变化信息，成为科学研究的重要对象（例如挖雪坑研究近期的年层，打钻取冰心研究上百年、千年、万年甚至数十万年的年层）。在冰舌区，受长期运动的影响，冰川年层的连续性遭受破坏，但也因变形而暴露冰面，成为直观的条带状构造景观。

运动景观　如冰雪崩、冰雪角砾岩、冰川叶理、冰川裂缝、冰川断层与褶皱、冰川磨光面等。

1号冰川从粒雪盆溢出后，沿盆前缘的冰床陡坡形成大冰瀑布。冰瀑布上的冰川就像一种超级伸张流，处于崩溃状态，频繁发生冰崩与雪崩。随着冰川的持续运动，冰瀑布上的冰雪崩终年不断。如果说粒雪盆是成冰与屯冰库，那么大冰瀑布就如同冰川的粉碎机，冰瀑布坡脚则是新的冰川构造铸造场。

冰雪角砾岩是由大小不一的棱角状冰块、粒雪和岩块（粒雪盆底部被冰川挖掘的冰碛）的混合物，在大冰瀑布的坡脚形成扇形堆积锥，为冰舌段新的冰川构造铸造，提供源源不断的物质（李吉均等，1983）。

消融景观　如冰杯、冰井、冰川竖井（与冰下河相通）、冰塔、冰洞、冰桥、冰蘑菇、冰面湖、冰面河、冰下河、冰川城门洞、冰钟乳、冰涌泉等。

冰下河在冰舌末端的出口为冰川城门洞（冰崖下的隧洞，状若城门）和冰崖下的冰涌泉，流量每秒10.4立方米（1985年10月），为海螺沟主流的水源。冰川城门洞与冰涌泉的位置随冰舌末端的退缩而不断地向上游移动，是海螺沟的胜景之一。

复合景观　由两种或两种以上的作用叠加所形成的景观，如冰川弧拱、冰川褶皱、冰蘑菇、冰间融洞等。

冰川弧拱是在大冰瀑布坡脚冰雪再沉积过程中，夏季沉积层因消融污化而显黑色，与冬季沉积层构成黑白相间的冰带——冰川年层，随着冰川的运动发生朝向下游的弧形弯曲所形成。此种具有年轮意义（一层黑带与一层白带代表1年）的瀑布型弧拱是海洋性冰川的特征。

冰川景观特性

环境反映敏感　冰川是一定地形环境条件下气候的产物，降水与气温共同决定了冰川景观动态。冰川与环境的关系，一方面体现在现代气候波动直接引起冰川景观变化，另一方面，我们所见到的冰川已有一定的年龄，它是过去形成的，记录了过去的气候与大气环境信息而成为古环境研究的重要实体。

景观动态明显　冰川景观，尤其是冰舌段的景观，处在不断地变化中。这种变化以消融景观最为突出，老的景观因消融彻底而消失，新的景观又由运动补给经消融而产生。变化的周期有多年相、年相和季相，以年相为主。受冰川运动规律的制约，不同类型的景观占有一定的空间位置，但景观形态极少雷同。

知识性、美学性与趣味性强　这是冰川作为一种特殊的自然风景资源的重要特性。之所以说它特殊，是因为冰川集知识、美学与趣味性于一体的动态景观以及既是自然奇观，又是自然科学研究的重要对象。

1.3.1　粒雪盆与大冰瀑布

1号冰川轴向景观剖面与粒雪盆—大冰瀑布位置图如图1-4所示。

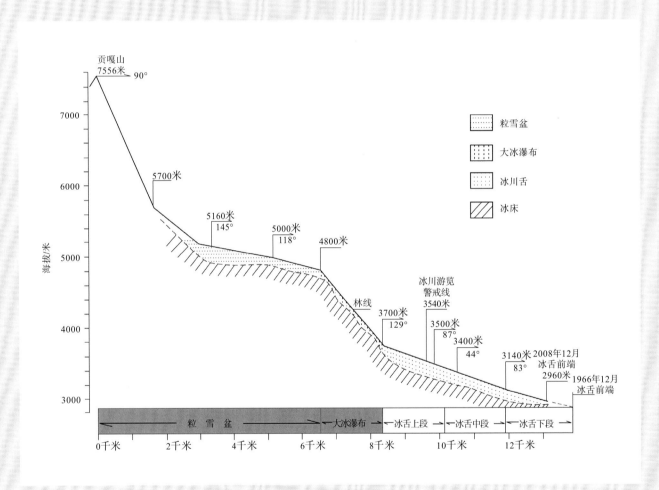

图1-4　1号冰川轴向景观剖面与粒雪盆—大冰瀑布位置图

海螺沟1号冰川形成区与大冰瀑布景观：贡嘎山主峰（中上），1号冰川粒雪盆（中中）与大冰瀑布（中下）
摄影：林强，1987年6月，二层山

海螺沟1号冰川形成区与大冰瀑布景观：贡嘎山主峰与1号冰川粒雪盆（中上），从粒雪盆口溢出的冰流形成大冰瀑布（中）；2号冰川（左，侧视），神鹰峰（右）与三连峰（左）冰斗冰川
摄影：海螺沟管理局供稿，2012年10月，长草坝

海螺沟1号冰川粒雪盆后壁的雪崩与雪崩锥群
摄影：贡嘎山站供稿，1990年11月，粒雪盆

1号冰川大冰瀑布，其上为贡嘎山主峰，其下为冰川舌
摄影：成都山地所供稿，金昌平，1985年10月，长草坝

1号冰川大冰瀑布与贡嘎山主峰晨景
摄影：成都山地所供稿，金昌平，1985年10月，长草坝

1号冰川大冰瀑布及其前沿的冰雪崩与岩崩堆积
摄影：林强，1988年

1号冰川大冰瀑布与贡嘎山主峰
摄影：贡嘎山站供稿，陈富斌，1997年10月

大冰瀑布坡麓的冰雪崩锥：灰色的块冰锥（下）被新的雪崩锥叠置
摄影：贡嘎山站供稿，刘巧，2017年9月

1号冰川大冰瀑布与贡嘎山主峰
摄影：成都山地所供稿，陈飞虎，2018年11月

银瀑（大冰瀑布）-金山（贡嘎山主峰）：海螺沟1号冰川晨曦
摄影：成都山地所供稿，金昌平，1985年10月，长草坝

银瀑（大冰瀑布）-金山（贡嘎山主峰）：海螺沟1号冰川晨曦
摄影：林强，2002年5月，长草坝

银瀑（大冰瀑布）-金山（贡嘎山主峰）：海螺沟1号冰川晨曦
摄影：海螺沟景区管理局供稿，唐保安，2014年12月，长草坝

银瀑（大冰瀑布）-雪山（贡嘎山主峰）：海螺沟1号冰川晨景
摄影：海螺沟景区管理局供稿，2012年11月，长草坝

长草坝3号冰川退缩迹地+古泥石流迹地的红石滩景观
摄影：海螺沟景区管理局供稿，文月，2007年9月

长草坝四营可观赏1号冰川概貌和冰川伸进原始森林之胜景。建筑物为冰川索道站
摄影：海螺沟景区管理局供稿，周雁南，2014年12月

1993年11月，大冰瀑布体态完整
摄影：贡嘎山站供稿，陈富斌

1997年10月，大冰瀑布左上方出现两孔天窗
摄影：贡嘎山站供稿，刘巧

2003年11月，大冰瀑布左上方出现的两孔天窗有所扩大
摄影：贡嘎山站供稿，刘巧

2008年10月，大冰瀑布左上方出现的两孔天窗消失
摄影：贡嘎山站供稿，刘巧

2013年10月，大冰瀑布左上方再次出现天窗，左下方冰床裸露
摄影：成都山地所供稿，陈飞虎

2015年11月，大冰瀑布左上方天窗与左下方冰床裸露基本稳定
摄影：贡嘎山站供稿，刘巧

2018年1月，大冰瀑布左上方天窗与左下方冰床裸露面扩大
摄影：成都山地所供稿，陈飞虎

1.3.2　冰舌上段：冰川伸进森林，冰川弧拱，冰川漂砾

1号冰川轴向景观剖面与冰舌上段位置图如图1-5所示。

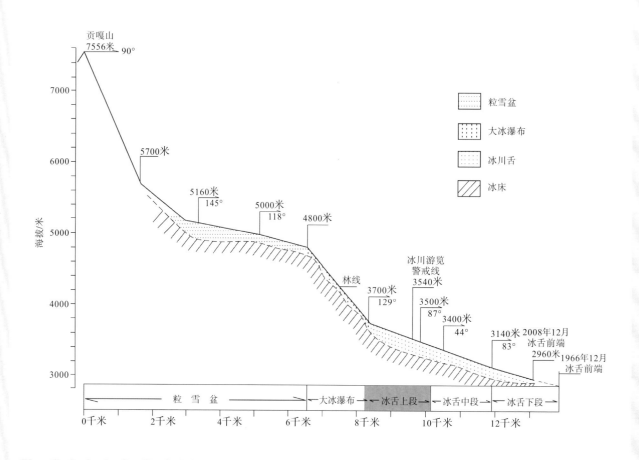

图1-5　1号冰川轴向景观剖面与冰舌上段位置图

1号冰川大冰瀑布与冰舌上段的弧拱构造

摄影：贡嘎山站供稿、陈富斌，1991年6月，马日岗

1号冰川冰舌上段前部弧拱构造与中段冰面景观，近景台地为长草坝，远景台地为干河坝
摄影：贡嘎山站供稿，刘巧，2006年6月

1号冰川冰舌上段前部弧拱构造与中段冰面景观，近景台地为长草坝索道站，远景台地为干河坝索道站
摄影：贡嘎山站供稿，刘巧，2006年6月

1号冰川大冰瀑布（中）、冰舌上段的弧拱构造（下）与贡嘎山主峰（上）
摄影：成都山地所供稿，陈飞虎，2018年1月，长草坝

1号冰川冰舌上段冰面景观　摄影：成都山地所供稿，陈富斌，1987年5月

1号冰川冰舌上段前部的直立冰川层理，远景为大冰瀑布与贡嘎山主峰
摄影：海螺沟景区管理局供稿，2007年4月

1号冰川冰舌上段前部的倾斜冰川层理，远景为大冰瀑布与贡嘎山主峰
摄影：贡嘎山站供稿，陈富斌，1990年11月

1号冰川冰舌上段前部的缓倾斜冰川层理，远景为大冰瀑布与贡嘎山主峰
摄影：邓明前，2007年4月

冰蘑菇，1号冰川冰舌上段前部
摄影：成都山地所供稿，金昌平，1985年10月

冰蘑菇，1号冰川冰舌上段前部，远景为大冰瀑布与贡嘎山主峰
摄影：成都山地所供稿，陈富斌，1987年5月

坦克石，长约20米、高约10米的花岗岩漂砾，1号冰川
冰舌上段前部
摄影：海螺沟景区管理局供稿，赵宏，1988年8月

1号冰川的冰舌伸进林带：下为冰舌上段冰体，中为林带，上为永久冰雪带

摄影：成都山地所供稿，金昌平，1988年4月

1号冰川的冰舌伸进林带：下为冰舌上段冰体，中为林带，上为永久冰雪带

摄影：海螺沟景区管理局供稿，文月，2008年11月

1.3.3　冰舌中段：冰川伸进森林，冰川结构与构造，冰川运动，冰川消融

1号冰川轴向景观剖面与冰舌中段位置图如图1-6所示。

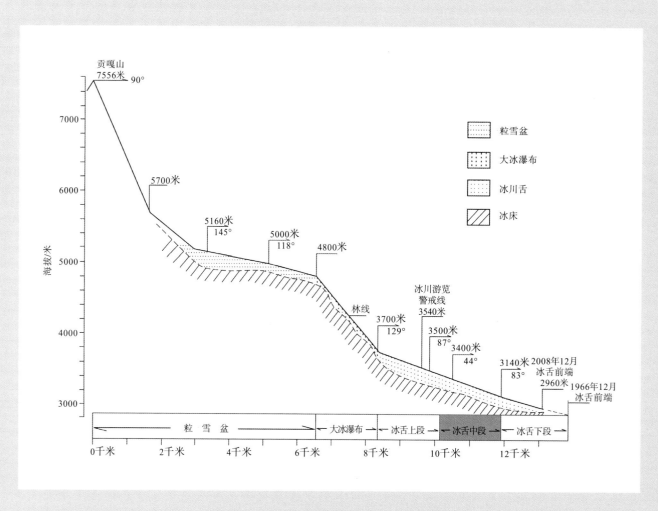

图1-6　1号冰川轴向景观剖面与冰舌中段位置图

1号冰川冰舌中段（近景）与上段（中景）冰面景观，远景为大冰瀑布与贡嘎山主峰

摄影：成都山地所供稿，陈飞虎，2018年11月

伸进林带的1号冰川冰舌中段冰面景观
摄影：成都山地所供稿，陈富斌，1985年10月

伸进林带的1号冰川冰舌中段冰面景观
摄影：成都山地所供稿，陈富斌，1997年10月

1号冰川的冰舌伸进林带：上为杜鹃林与冷杉林，
中为变质岩谷壁，下为冰舌中段
摄影：成都山地所供稿，陈富斌，1985年10月

冰川层理，1号冰川冰舌中段　摄影：成都山地所供稿，左／金昌平，右／陈富斌，1985年10月

缓倾斜冰川层理与"X"形裂缝，1号冰川冰舌中段　摄影：邓明前，1998年7月

陡倾斜冰川层理，1号冰川冰舌中段
摄影：海螺沟景区管理局供稿，2007年8月

陡倾斜冰川层理与纵向裂缝，1号冰川冰舌中段
摄影：邓明前，2001年6月

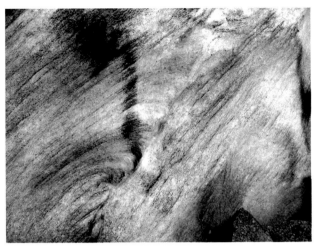

冰川层理与断层，1号冰川冰舌中段　摄影：贡嘎山站供稿，陈富斌，1988年10月

冰川断层与褶皱，1号冰川冰舌中段　摄影：贡嘎山站供稿，陈富斌，1989年6月

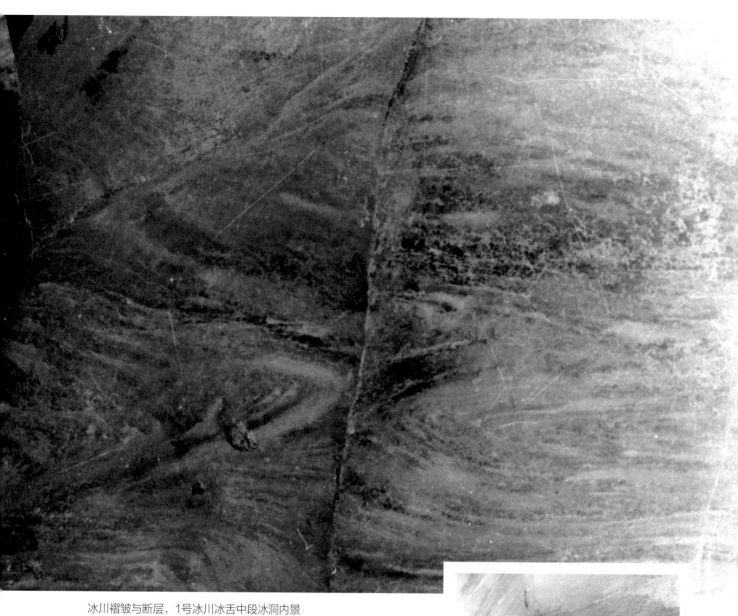

冰川褶皱与断层，1号冰川冰舌中段冰洞内景
摄影：贡嘎山站供稿，陈富斌，1989年6月

动力变质冰的层理由白冰条带（富含气泡）与蓝冰条带（缺乏气泡）互层组成，1号冰川冰舌中段

摄影：江卫平，左／2010年12月，右／2011年1月

动力变质冰包裹的气泡，1号冰川冰舌中段　摄影：贡嘎山站供稿，陈富斌，1989年6月

冰面河,冰面消融景观,1号冰川冰舌中段
摄影:林强,1987年5月

冰面河,冰面消融景观,1号冰川冰舌中段
摄影:成都山地所供稿,陈富斌,1987年5月

冰川裂缝,冰川运动景观,1号冰川冰舌中段
摄影:成都山地所供稿,金昌平,1985年10月

冰川裂缝，冰川运动景观，1号冰川冰舌中段　摄影：林强，1987年5月

冰川裂缝近景，冰川运动景观，1号冰川冰舌中段
摄影：成都山地所供稿，陈富斌，1985年10月

冰川裂缝近景，冰川运动景观，1号冰川冰舌中段
摄影：林强，2002年8月

冰川裂缝与漂砾，冰川运动景观，1号冰川冰舌中段
摄影：成都山地所供稿，陈富斌，1985年10月

冰川裂缝与漂砾，冰川运动景观，1号冰川冰舌中段
摄影：成都山地所供稿，金昌平，1985年10月

冰杯，冰面消融景观，1号冰川冰舌中段
摄影：成都山地所供稿，陈富斌，1987年5月

冰杯群，冰面消融景观，1号冰川冰舌中段
摄影：成都山地所供稿，陈富斌，1987年5月

冰面湖，冰面消融景观，1号冰川冰舌中段
摄影：成都山地所供稿，陈富斌，1985年10月

1号冰川冰舌中段概貌：上部是冰洞集中区，左下部是冰阶梯景观区，右下部是冰塔林景观区；冰体两侧为冰川侵蚀谷壁磨光面
摄影：贡嘎山站供稿，陈富斌，1990年8月

1号冰川冰舌中段概貌：上部是冰洞集中区，左下部是冰阶梯景观区，右下部是冰塔林景观区；冰体两侧为冰川侵蚀谷壁磨光面
摄影：贡嘎山站供稿，刘巧，2006年6月

1号冰川冰舌中段概貌
摄影：四川省区域地质调查队供稿，刘一玲，2011年9月

冰洞,冰下消融景观,1号冰川冰舌中段
摄影:成都山地所供稿,金昌平,2011年9月

冰洞，冰下消融景观，1号冰川冰舌中段
摄影：贡嘎山站供稿，陈富斌，1989年5月

冰洞，冰下消融景观，1号冰川冰舌中段　摄影：海螺沟景区管理局供稿，2007年9月

冰阶梯，由一系列横向正断层组合的阶梯状冰墙景观，1号冰川冰舌中段

摄影：成都山地所供稿，金昌平，1985年10月

冰塔林，冰面消融景观，1号冰川冰舌中段
摄影：成都山地所供稿，金昌平，
　　　　上、右下 / 1989年2月；左下 / 1985年10月

冰塔林，冰面消融景观，1号冰川冰舌中段　摄影：邓明前，左／1991年10月，右／2001年10月

冰塔林，冰面消融景观，1号冰川冰舌中段　摄影：成都山地所供稿，金昌平，1989年2月

冰舌消融动态（1930~2008年）

2号冰川B汇入1号冰川A，3号冰川C接近汇入1号冰川
摄影：贡嘎山站供稿，1930年10月

伸进林带的1号冰川A显著变薄；2号冰川B冰舌显著退缩，
与1号冰川分离；3号冰川C冰川显著退缩
摄影：成都山地所供稿，陈富斌，1985年10月

1号冰川冰舌A基本稳定，2号冰川冰舌B进一步退缩，
3号冰川冰舌C进一步退缩
摄影：贡嘎山站供稿，罗辑，1995年10月

1号冰川冰舌A、2号冰川冰舌B、3号冰川冰舌C进一步退缩
摄影：贡嘎山站供稿，刘巧，2008年6月

1.3.4 冰舌下段（前段）：冰川城门洞

1号冰川轴向景观剖面与冰舌下段位置图如图1-7所示。

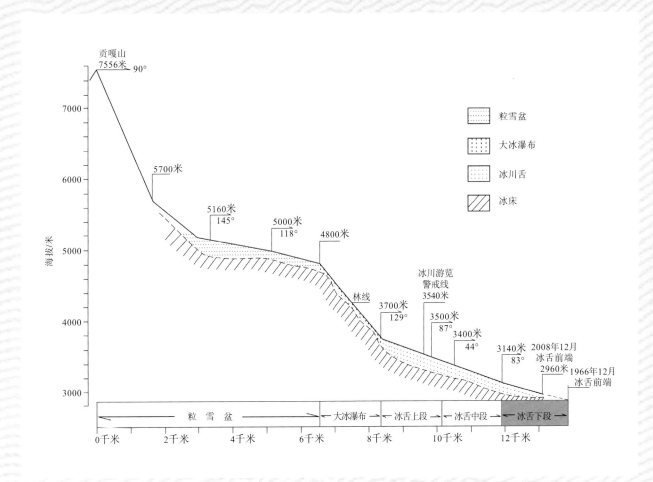

图1-7 1号冰川轴向景观剖面与冰舌下段位置图

冰面湖，冰面消融景观，1号冰川冰舌下段　摄影：海螺沟景区管理局供稿，2010年10月

冰崖与冰涌泉，冰下河出口与海螺沟干流的水源，1号冰川冰舌前端
摄影：成都山地所供稿，陈富斌，左／1980年6月，右／1985年10月

冰川城门洞，遗弃的冰下河出口之外景，1号冰川冰舌前端
摄影：成都山地所供稿，陈富斌，1985年10月

冰川城门洞，遗弃的冰下河出口之内景，1号冰川冰舌前端
摄影：成都山地所供稿，金昌平，1988年4月

塑造中的冰川城门洞，1号冰川冰舌前端　摄影：成都山地所供稿，陈富斌，1990年6月

塑造中的冰川城门洞，1号冰川冰舌前端　摄影：邓明前，1991年3月

冰川城门洞，遗弃的冰下河出口之内景，
高7米，1号冰川冰舌前端
摄影：林强，1994年12月

冰川城门洞，遗弃的冰下河出口之内景，1号冰川冰舌前端
摄影：林强，1994年12月

塑造中的冰川城门洞，1号冰川冰舌前端
摄影：贡嘎山站供稿，陈富斌，1995年8月

塑造中的冰川城门洞，1号冰川冰舌前端
摄影：成都山地所供稿，赵永涛，2002年8月

塑造中的冰川城门洞，1号冰川冰舌前端　摄影：成都山地所供稿，陈富斌，1999年5月

冰崖,一种罕见的冰川年层景观,1号冰川冰舌前端
摄影:成都山地所供稿,陈富斌,2002年8月

冰崖，1号冰川冰舌前端　摄影：海螺沟景区管理局供稿，李华均，2010年7月

冰川城门洞，遗弃的冰下河出口之内景，1号冰川冰舌前端
摄影：海螺沟景区管理局供稿，李华均，2010年7月

冰川城门洞，遗弃的冰下河出口之内景，1号冰川冰舌前端
摄影：海螺沟景区管理局供稿，2010年10月

冰川城门洞，遗弃的冰下河出口之内景，1号冰川冰舌前端，
远景为狮子岩　摄影：江卫平，2011年1月

冰川城门洞，遗弃的冰下河出口之内景，1号冰川冰舌前端
摄影：海螺沟景区管理局供稿，2011年1月

冰川城门洞，遗弃的冰下河出口之内景，1号冰川冰舌前端
摄影：海螺沟景区管理局供稿，2012年1月

冰川城门洞，遗弃的冰下河出口之内景，1号冰川冰舌前端
摄影：江卫平，2015年12月

塑造中的冰川城门洞，1号冰川冰舌前端
摄影：贡嘎山站供稿，罗辑，2016年5月

1号冰川冰舌前端的冰崖及其前沿的红石滩与浮冰带　摄影：贡嘎山站供稿，刘巧，2017年8月

城门洞砾石滩伏冰消融塌陷湖，1号冰川冰舌前端前沿

摄影：上／四川省区域地质调查队供稿，刘一玲，2011年9月，镜向东

下／海螺沟景区管理局供稿，2013年8月，镜向西

1.3.5 冰川区秋景与冬景

1号冰川概貌与植被的垂直分带深秋景观：雪山为贡嘎山主峰，红色为高山草甸，黑色森林为亚高山暗针叶林，其间的灰绿色为高山杜鹃灌丛。近景为长草坝3号冰川退缩迹地次生林

摄影：贡嘎山站供稿，罗辑，2011年12月

冰川区秋景：近景为长草坝3号冰川退缩迹地次生林，远景为大冰瀑布与贡嘎山主峰
摄影：海螺沟景区管理局供稿，江卫平，2007年9月

冰川区秋景：近景为1号冰川冰舌中段，远景为未名峰与高山草甸、灌丛、森林分带景观
摄影：成都山地所供稿，金昌平，1988年10月，观景台

冰川区冬景：近景为长草坝3号冰川退缩迹地次生林，远景为1号冰川，建筑物为索道终站
摄影：海螺沟景区管理局供稿，高明勇，2011年1月

冰川区冬景：近景为伸进林带的1号冰川冰舌中段，远景为未名峰及两侧的2号、3号冰川
摄影：江卫平，2016年1月，观景台

冰川区冬景：近景为1号冰川冰舌中段，远景为黑松林林带与未名峰
摄影：成都山地所供稿，金昌平，1989年1月

冰川区冬景：1号冰川冰舌中段

摄影：成都山地所供稿，金昌平，1989年2月

冰川区冬景：近景为1号冰川冰舌中段，远景为长草坝林带与未名峰

摄影：邓明前，2011年12月，观景台

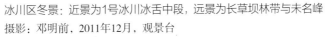

1 海螺沟冰川与贡嘎雪山景观

冰川区冬景：1号冰川冰舌中段
摄影：成都山地所供稿，金昌平，1989年2月

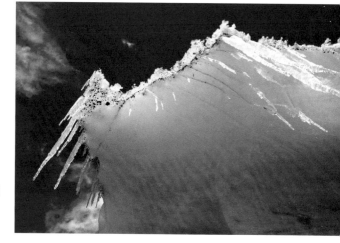

冰川区冬景：附着于冰川冰（变质冰）上的
消融再冻结之冰棱（水冰）
摄影：成都山地所供稿，金昌平，1989年2月

冰川区冬景：近景为冰川冰（变质冰），远景为坡面流水冻结之水冰，1号冰川冰舌中段
摄影：成都山地所供稿，金昌平，1989年2月

冰川区冬景：近景为冰川冰（变质冰），远景为坡面流水冻结之水冰，1号冰川冰舌中段
摄影：成都山地所供稿，金昌平，1989年2月

冰川区冬景：1号冰川冰舌中段　摄影：海螺沟景区管理局供稿，2007年3月

贡嘎山主峰与冰川形成区的奇云景观　摄影：海螺沟景区管理局供稿，文月，2009年12月

冰川谷云海：左下为1号冰川冰舌中段；左上为黑松林峨眉冷杉林；左中部为新冰期侧碛堤，冰面高度因消融下降，致堤坡不断崩滑　摄影：成都山地所供稿，陈飞虎，2018年1月

冰川谷云海，近景为亚高山峨眉冷杉林　摄影：成都山地所供稿，陈飞虎，2018年1月

冰川区的夜景：从3000米站眺望银河　摄影：贡嘎山站供稿，廖兴宇，2014年12月

冰川区的晨景：从长草坝眺望1号冰川概貌与朝阳衬托下的星空　摄影：海螺沟景区管理局供稿，唐保安，2014年12月

1.3.6　登上冰川

1号冰川大冰瀑布与贡嘎山主峰　摄影：林强，1988年10月

长约20米、高约10米的花岗岩漂砾，1号冰川冰舌上段前部
摄影：赵宏，1989年5月

参加"海螺沟冰川公园开营"的中国科学院成都分院
代表考察冰川
摄影：成都山地所供稿，金昌平，1987年10月

1.4 海螺沟冰川侵蚀与堆积地貌

冰川侵蚀地貌

海螺沟发育一系列典型且壮观的冰蚀地貌，如冰蚀谷、悬谷、谷中谷、角峰、刃脊、冰坎、冰斗、粒雪盆、磨光面、括痕、刻痕、刻槽等，尤以金字塔形角峰、谷壁磨光面的规模宏大。

金字塔形角峰　贡嘎山地区的山峰以金字塔形冰蚀角峰为特色，仅海螺沟分水岭就耸立着高200～1300米的冰蚀金字塔及海拔5600米以上的雪峰19座，在碧蓝色天空与墨绿色林带的衬托之下，堪称高山胜景。

谷壁磨光面、刻痕、刻槽　1号冰川冰舌中段两岸的花岗质混合岩谷壁上的冰川磨光面，高60米（右岸，未见底）与80米（左岸，未见底）。左岸磨光面布满不同倾角组合的刻痕、括痕和刻槽，甚至反向（倾向上游）刻痕、刻槽，最大的一道刻槽深1.8米、高3.8米以上。

冰川堆积地貌

海螺沟及沟口地区的冰川堆积地貌，如漂砾、表碛、侧碛、终碛、冰碛湖、冰水平原、冰水扇等，以晚贡嘎冰期侧碛堤和全新世早期冰水沉积地貌保存最为完整。

晚贡嘎冰期（末次冰期）侧碛堤　占据了海螺沟中上游谷地两侧，堤长10千米（左岸）与5千米（右岸），堤高50～150米，有冰碛湖（草海）与大量巨型漂砾（如大岩窝、大岩筐、包岩筐等）。堤面为原始森林所覆盖。

全新世早期冰水台地　海螺沟口的磨西台地，由冰水沉积为主，包含冰碛、冰川洪水与冰川泥石流堆积的砂砾层所构成，厚120米。该台地原系谷地冰碛－冰水平原（堆积于距今1.2万年～距今0.5万年），后随贡嘎山的快速上升，经磨西河与其支流燕子沟从两侧深切而形成，长10千米，宽0.2～1.2千米。

全新世晚期冰水台地　老观景台（因崩滑已弃用）由厚37米的砾石、砂间互层（堆积于距今0.31万年～距今0.12万年）构成，覆于晚贡嘎冰期冰碛层之上并沿该冰期侧碛堤的外缘延伸3千米。

肠状与条带状花岗质混合岩冰蚀谷壁上的磨光面与擦痕、刻痕，
1号冰川冰舌中段前部左岸

摄影：贡嘎山站供稿，陈富斌，1991年10月

条带状花岗质混合岩冰蚀谷壁上的磨光面与刻痕、刮痕、擦痕，
1号冰川冰舌中段前部左岸

摄影：贡嘎山站供稿，陈富斌，1991年10月

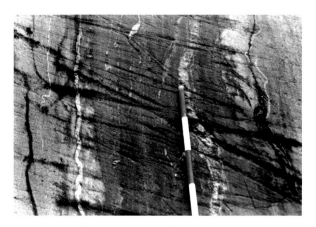

肠状与条带状花岗质混合岩冰川磨光面与刻痕、刮痕，1号冰
川冰舌中段前部左岸

摄影：贡嘎山站供稿，陈富斌，1991年10月

条带状与肠状花岗质混合岩冰蚀谷壁上的磨光面与巨型刻槽，
1号冰川冰舌中段前部左岸

摄影：贡嘎山站供稿，陈富斌，1992年6月

条带状与肠状花岗质混合岩冰蚀谷壁上的磨光面与巨型刻槽，
左为1号冰川冰舌中段

摄影：贡嘎山站供稿，陈富斌，1991年10月

冰蚀谷壁磨光面显示的冰川消融动态（1980～2013年）

花岗质混合岩冰蚀谷壁上的冰川磨光面与流线型刻痕，1号
冰川冰舌中段前部右岸，近景为冰川，铁塔高66.5米
摄影：上／成都山地所供稿，陈富斌，1980年5月；
　　　下／成都山地所供稿，陈富斌，2002年8月

花岗质混合岩谷壁上的刻槽型磨光面，1号冰川冰舌中段前部左岸（A、B同位），近景为冰面表碛
摄影：贡嘎山站供稿，陈富斌，1989年10月

狮子岩麓的北侧碛堤景观，箭头指示大岩窝大漂砾　摄影：贡嘎山站供稿，陈富斌，1989年6月

海螺沟上游谷地的冰川堆积地貌景观，形成于晚贡嘎冰期（末次冰期）的两道侧碛。近景为1号冰川冰舌前端

摄影：贡嘎山站供稿，罗辑，1996年5月

海螺沟口的磨西面冰水台地景观，近景为磨西河，远景雪山为望郎包

摄影：邓明前，2000年2月

老城门洞北侧碛堤剖面：顶部为冰水沉积之砂砾层，与老观景台剖面的上层同期，下伏冰碛层属晚贡嘎冰期（末次冰期）。照片下方的高低冰碛垄分别属于新冰期与小冰期

摄影：贡嘎山站供稿，陈富斌，1989年6月

磨西面冰水沉积剖面（厚度＞80米），进海螺沟公路的燕子沟大桥南侧

摄影：贡嘎山站供稿，陈富斌，1989年1月

老观景台北侧碛堤剖面：上部冰水沉积之砂砾层，厚37米（距今：3100±110年～1200±80年），下伏冰碛层属晚贡嘎冰期（末次冰期）

摄影：贡嘎山站供稿，陈富斌，1989年6月

2

海螺沟森林与
垂直自然带谱景观

2.1 森林与垂直自然分带概貌

森林与珍稀动植物

海螺沟内森林面积70平方千米，绝大部分为原始森林，具有生物多样性与观赏植物丰富的显著特点。沟内已经确认的国家重点保护野生植物16种，包括 I 级保护植物红豆杉、云南红豆杉、高寒水韭、独叶草4种，II 级保护植物连香树、西康木兰、水青树等12种；国家重点保护野生动物50种，包括 I 级保护动物羚牛、林麝、绿尾红雉等9种，II 级保护动物藏酋猴、小熊猫、水鹿、双尾褐凤蝶等41种。包括海螺沟在内的贡嘎山地区，是我国古老与原始物种保存最多的地区之一，被生物学界称之为第四纪冰川时期动植物的"避难所"。海螺沟内有观赏植物数百种，包括木兰、杜鹃、兰花、报春花、龙胆花、百合花、雪莲花、野桂花等花类百余种，树生杜鹃、附生乔木等附生植物类数十种，特大型植物、漂砾上乔木群丛等造型类百余种，植被垂直分带、常绿与落叶植物群落相嵌等群落类数十种。

气候与植被的垂直分带

以亚热带为基带的垂直自然带谱，是海螺沟的景观特色之一。在气候、土壤、植被、地貌等地理要素中，尤以气候与植被的垂直分带最为明显。

气候　贡嘎山地区的气候深受海拔的影响，气温随海拔升高而降低，降水量随海拔升高而增大。根据贡嘎山站多年观测资料，主峰东坡年平均气温直减率为0.67℃/100米，年降水梯度为67.5毫米/100米。亦即海拔每升高100米，气温降低0.67℃，降水量增加67.5毫米。海拔3000米以上的降水梯度可能有所波动，但雪线以上的年降水量推算可达3000毫米，仍呈现增大的趋势，从而为冰川发育提供了丰富的物质基础。山地气候的这一特点，使海螺沟从沟口起出现亚热带、暖温带、寒温带、亚寒带、寒带和极地带气候的所谓"十里不同天"的变化。

植被　植被类型的垂直分布表现为不同空间的带状组合。从高海拔区至沟口，各层带的主要植被类型有：

高山流石滩疏草植被带：风毛菊、红景天等。

高山草甸带：高山嵩草草甸，羊茅草甸，截形嵩草草甸，短轴嵩草草甸，银叶委陵菜草甸，太白韭草甸。

高山灌丛带：大叶金顶杜鹃灌丛，毛喉杜鹃灌丛，凝毛杜鹃灌丛，金褐杜鹃灌丛，香柏灌丛。

亚高山暗针叶林带：峨眉冷杉林，峨眉冷杉、杜鹃林，峨眉冷杉、桦、花楸林。

亚高山针阔叶混交林带：麦吊云杉、槭、桦、杜鹃林，铁杉、桦、槭、杜鹃林。

山地常绿阔叶与落叶阔叶混交林带：包果柯、香桦、扇叶械林，青冈、连香树、巴东栎林，康定木兰林。

山地常绿阔叶林带：包果柯林，巴东栎林，油樟、山楠林，野桂花林，青冈林，曼青冈林，棕榈林。

河谷疏林灌丛带：滇榛落叶灌丛，黄荆、青木香落叶灌丛，云南松林（受人类活动干扰）。

垂直自然带谱构成

沿海螺沟方向的贡嘎山东坡剖面，自贡嘎山主峰至磨西河口的大渡河谷底，平距29千米，高差6430米，垂直自然带谱的构成概如表2-1所示。

景观生态多样性是贡嘎山自然带谱的突出特征。同国内外山地相比，贡嘎山海螺沟是我国与全球最具代表性的垂直景观生态结构剖面之一。

垂直自然带谱景观：（自上而下）极高山永久冰雪带（雪山为海拔6400米的未名峰），高山寒带疏草寒漠带，高山寒带草甸带，高山亚寒带灌丛带，亚高山寒温带暗针叶林带，亚高山暖温带针阔叶混交林带

摄影：成都山地所供稿，左／金昌平，1985年10月，右／陈富斌，1988年10月，热水沟口左岸高地

表2-1　贡嘎山东坡（沿海螺沟）垂直景观结构

垂直自然带谱	热量与水分状况			植被	土壤	地貌	生态系统	
	海拔（米）	年均温（℃）	年降水量（毫米）				原生生态系统 / 次生生态系统	
极高山永久冰雪带	4900~7556	<-8.6		裸岩	裸岩	冰雪作用气候地貌带		冰冻圈环境系统
高山寒带疏草寒漠带	4600~4900	-8.6~-6.6		雪莲、绵参、扭连钱群落	高山寒漠土			高山草甸生态系统
高山寒带草甸带	4200~4600	-6.6~-3.9		高山蒿草、羊茅草甸	高山草甸土	冰缘作用气候地貌带		高山灌丛生态系统
高山亚寒带灌丛带	3800~4200	-3.9~-1.2	1870~3000	毛喉杜鹃、凝毛金褐灌丛，大白韭草甸	亚高山漂灰土		原生生态系统	
亚高山寒温带暗针叶林带	2900~3800	~1.2~4.6		峨眉冷杉林	山地暗棕壤			
亚高山暖温带针阔叶混交林带	2500~2900	4.6~7.3	1790~1870	铁杉、槭树、桦木林，麦吊云杉、槭树、桦木林	山地棕壤	流水作用气候地貌带		山地、亚高山森林生态系统
亚热带常绿阔叶与落叶阔叶混交林带	2300~2500	7.3~8.6	1450~1790	包果柯、香桦、扇叶槭林	山地棕壤			
亚热带常绿阔叶林带	1500~2300	8.6~12.8	925~1450	包果柯、曼青冈林、野桂花林，棕榈林、斑竹林	山地黄棕壤		次生生态系统	河谷农业生态系统、疏林灌丛生态系统
亚热带半干旱河谷疏林灌丛带	1096~1500	12.8~15.5	655~925	清榛灌丛，黄荆、青木香灌丛	黄红壤			

2.2 垂直自然带谱分带

2.2.1 高山寒带草甸带与亚寒带灌丛带

贡嘎山景观生态结构综合剖面与高山寒带草甸带与亚寒带灌丛带位置图如图2-1所示。

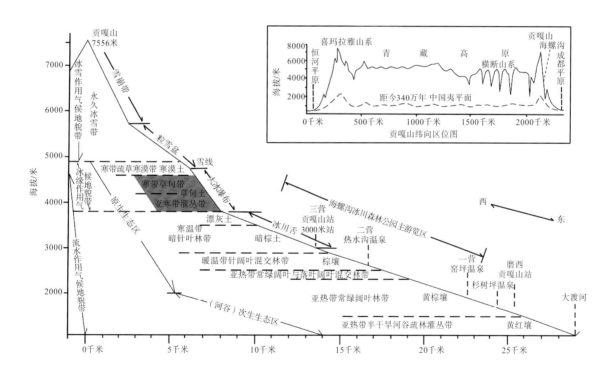

图2-1 贡嘎山景观生态结构综合剖面与高山寒带草甸带与亚寒带灌丛带位置图

高山嵩草（*Kobresia pygmaea*）草甸与毛喉杜鹃（*Rhododendron cephalanthum*）灌丛
摄影：贡嘎山站供稿，刘巧，2006年6月，长草坝

短柄龙胆（*Gentiana stipitata*），未名峰东坡高山草甸带
摄影：贡嘎山站供稿，罗辑，2017年10月，长草坝

红景天属鬼箭锦鸡儿（*Caragana jubata*），
长草坝冰川退缩迹地砾石滩
摄影：贡嘎山站供稿，刘巧，2006年6月

峨眉苣叶报春（*Primula sonchifolia*），高山草甸带
摄影：贡嘎山站供稿，左／刘巧，2006年6月；右／罗辑，2008年5月；长草坝

珠芽蓼（*Polygonum viviparum*，红色）和岩须（*Cassiope selaginoides*，绿色）组成的草本群落，
长草坝4000米，高山草甸带
摄影：贡嘎山站供稿，罗辑

大叶金顶杜鹃（*Rhododendron prattii*，四川特有种）林，
高山灌丛带
摄影：贡嘎山站供稿，陈富斌，1994年6月，马日岗

凝毛枥叶杜鹃（*Rh. phaeochrysum* var. *agglutinatum*），
高山灌丛带。远景为1号冰川大冰瀑布
摄影：贡嘎山站供稿，刘巧，2006年6月，长草坝

独叶草（*Kingdonia uniflora*，中国特有种与易危种，
国家Ⅰ级保护植物），马日岗3600米
摄影：贡嘎山站供稿，陈富斌，1991年6月

2.2.2 亚高山寒温带暗针叶林带

贡嘎山景观生态结构综合剖面与亚高山寒温带暗针叶林带位置图如图2-2所示。

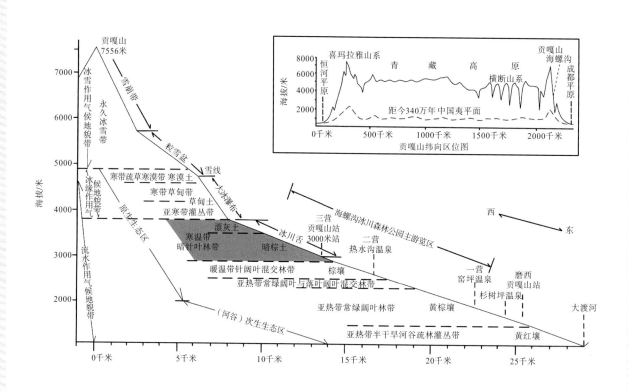

图2-2 贡嘎山景观生态结构综合剖面与亚高山寒温带暗针叶林带位置图

峨眉冷杉（*Abies fabri*，四川特有种，中国易危种）林，亚高山寒温带暗针叶林带
摄影：成都山地所供稿，左／金昌平，1988年，黄崩溜沟中游；右／陈飞虎，2000年11月，马日岗

峨眉冷杉林，黄崩溜沟中游，亚高山暗针叶林带　摄影：江卫平，2016年6月

星毛杜鹃（*Rh. asterochnoum*，中国易危种），
杜鹃坪3200米，暗针叶林带
摄影：贡嘎山站供稿，陈富斌，1988年6月

问客杜鹃（*Rh. ambiguum*，四川特有种），
干河坝3100米，暗针叶林带
摄影：成都山地所供稿，陈飞虎，2001年6月

长萼杜鹃（*Rh. longicalyx*，贡嘎山特有种与中国易危种），
干河坝西3150米，暗针叶林带
摄影：贡嘎山站供稿，罗辑，2017年5月

海绵杜鹃（*Rh. pingianum*，中国特有种与中国易危种），
干河坝西3050米，暗针叶林带
摄影：贡嘎山站供稿，罗辑，2017年5月

绒毛杜鹃（*Rh. pachytrichum*，四川、云南特有种），
干河坝3050米，暗针叶林带
摄影：贡嘎山站供稿，罗辑，2017年5月

银叶杜鹃（*Rh. argyrophyllum*，四川、云南、贵州特有种），
干河坝3080米，暗针叶林带
摄影：贡嘎山站供稿，陈富斌，1988年6月

海绵杜鹃，黄崩溜沟3050米，暗针叶林带
摄影：贡嘎山站供稿，罗辑，2017年5月

黄花杜鹃（*Rh. lutescens*，四川、云南特有种），
黄崩溜沟2900米，暗针叶林带
摄影：成都山地所供稿，陈飞虎，2000年11月

桦木上的树生杜鹃（*Rh. dendronecharis*，四川特有种与中国易危种），
干河坝3020米，暗针叶林带泥石流迹地原生演替林景观
摄影：成都山地所供稿，赵永涛，2001年6月

峨眉冷杉枯树上的树生杜鹃，黄崩溜沟3010米，
暗针叶林带
摄影：成都山地所供稿，金昌平，2001年6月

川赤芍（*Paeonia veitchii*，中国易危种），杜鹃坪3200米，
暗针叶林带
摄影：贡嘎山站供稿，彭继伟，1991年6月

桃儿七（*Sinopodophyllun hexandrum*，易危种），
杜鹃坪3200米，暗针叶林带
摄影：贡嘎山站供稿，陈富斌，
　　　左／1988年6月，右／1988年7月

独蒜兰（*Pleione bulbocodioides*，中国特有种、易危种），干河坝3060米，暗针叶林带
摄影：贡嘎山站供稿，罗辑，1994年6月

硫磺菌（*Laetiporus sulphureus*），黄崩溜沟3160米，暗针叶林带　摄影：贡嘎山站供稿，唐永康，1994年8月

猴头菇（*Hericium erinaceus*），直径42厘米，
黄崩溜沟3160米，暗针叶林带
摄影：贡嘎山站供稿，彭继伟，1993年8月

心叶荚蒾（*Viburnum cordifolium*）的果实，落叶灌丛，
生长于山谷疏林下，林缘，峨眉冷杉林下常见
摄影：贡嘎山站供稿，罗辑，2018年10月

原生演替过程中冬瓜杨树干上附生的多孔菌背柄灵芝
（*Ganoderma cochlear*）、地衣和苔藓
摄影：贡嘎山站供稿，罗辑，2018年10月

多裂菟葵（*Eranthis lobulata* var. *elatior*，贡嘎
山特有种、中国易危种），2900~3200米
冷杉林下，暗针叶林带
摄影：印开蒲，1980年

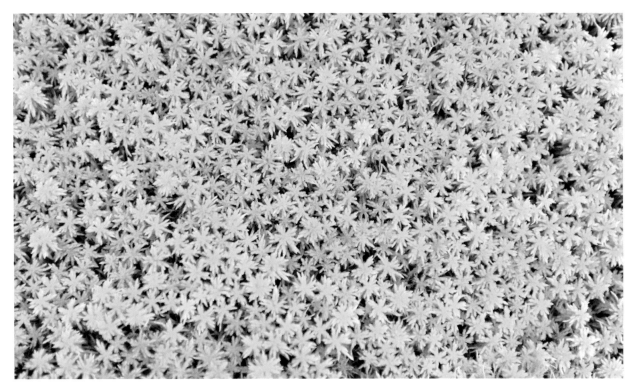

高山林线附近峨眉冷杉林下生长茂盛的蕨类植物石松（*Diaphasiastrum veitchii*）　摄影：贡嘎山站供稿，罗辑，2010年9月

碎米荠（*Cardamine hirsuta*），亚高山针叶林林缘
摄影：贡嘎山站供稿，罗辑，2016年6月

亚高山林线附近峨眉冷杉林的秋景　摄影：贡嘎山站供稿，罗辑，2011年10月

暗针叶林带秋景：峨眉冷杉林内槭树红叶，干河坝西3140米
摄影：贡嘎山站供稿，陈富斌，1989年10月

暗针叶林带的秋景：峨眉冷杉林内的青榨槭（*Acer davidii*）　摄影：贡嘎山站供稿，罗辑，2013年10月

峨眉冷杉林缘多对花楸（*Sorbus multijuga*）秋景

摄影：四川省区域地质调查队供稿，刘一玲，2013年10月

暗针叶林带的秋景：峨眉冷杉林缘的小乔木滇花楸（*Sorbus vilmorinii*）

摄影：贡嘎山站供稿，罗辑，2013年10月

峨眉冷杉林初冬景观，干河坝西3150米　摄影：成都山地所供稿，金昌平，1988年11月

马日岗峨眉冷杉林冬景，暗针叶林带　摄影：成都山地所供稿，陈富斌，2000年11月

峨眉冷杉林冬景，三营南

摄影：江卫平，1988年11月

马日岗峨眉冷杉林冬景，亚高山寒温暗针叶林带
摄影：成都山地所供稿，陈飞虎，2018年1月

干河坝峨眉冷杉林冬景，暗针叶林带
摄影：成都山地所供稿，陈飞虎，2018年1月

干河坝峨眉冷杉、桦、花楸林冬景，暗针叶林带
摄影：成都山地所供稿，陈飞虎，2018年1月

峨眉冷杉、桦、花楸林冬景，暗针叶林带
摄影：成都山地所供稿，陈飞虎，2018年1月

三营峨眉冷杉、桦林冬景，暗针叶林带
摄影：成都山地所供稿，陈飞虎，2018年1月

三营峨眉冷杉、桦林冬景，暗针叶林带
摄影：成都山地所供稿，陈飞虎，2018年1月

句冷杉松与，霜严鼓角知

2.2.3 亚高山暖温带针阔叶混交林带

贡嘎山景观生态结构综合剖面与亚高山暖温带针阔叶混交林带位置图如图2-3所示。

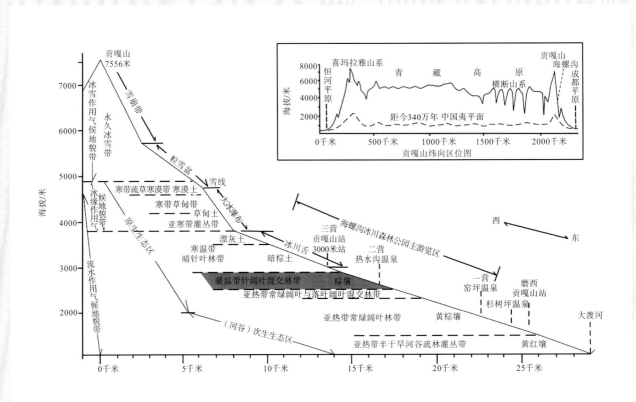

图2-3 贡嘎山景观生态结构综合剖面与亚高山暖温带针阔叶混交林带位置图

草海子冰碛湖与针阔叶混交林景观，远景雪山为未名峰（6400米）　摄影：成都山地所供稿，金昌平，1985年10月

倒冲桥右岸针阔叶混交林的林下景观
摄影：贡嘎山站供稿，陈富斌，1989年8月

麦吊云杉（*Picea brachytyla*，中国特有种与易危种）王，
胸围6.5米，针阔叶混交林带，2860米
摄影：成都山地所供稿，陈富斌，1987年5月

草海子麦吊云杉、糙皮桦林景观，针阔叶混交林带
摄影：成都山地所供稿，陈富斌，1989年6月

红豆杉（*Taxus chinensis*，中国濒危种，国家Ⅰ级保护植物），针阔叶混交林带
摄影：成都山地所供稿，陈富斌，左／1987年10月，倒冲桥；右／1990年10月，热水沟

大钟杜鹃（*Rh. ririei*，四川特有种与中国易危种），
针阔叶混交林带，2860米
摄影：贡嘎山站供稿，罗辑，2017年5月

山光杜鹃（*Rh. oreodoxa*，中国特有种），针阔叶混交林带，2860米
摄影：海螺沟景区管理局供稿，李华均，2009年5月

凹叶杜鹃（*Rh. davidsonianum*，四川特有种），针阔叶混交林带，2840米
摄影：贡嘎山站供稿，陈富斌，1993年5月

栎叶杜鹃（*Rh. phaeochrysum*，四川特有种），针阔叶混交林带，2800米
摄影：成都山地所供稿，金昌平，1988年

海螺沟杜鹃从河谷开到云端……

绒毛杜鹃（*Rh. packytricham*，四川、云南特有种），针阔叶混交林带，2780米
摄影：贡嘎山站供稿，陈富斌，1997年5月

亮叶杜鹃（*Rh. vernicosum*，中国特有种），寄生在麦
吊云杉枯树桩上，2840米，针阔叶混交林带
摄影：贡嘎山站供稿，陈富斌，1994年5月

美容杜鹃（*Rh. calophytum*，中国特有种），针阔叶混交林带
摄影：海螺沟景区管理供稿，2011年5月

黄花杜鹃（*Rh. luloscens*，四川、云南特有种），
针阔叶混交林带，2780米
摄影：贡嘎山站供稿，陈富斌，1997年5月

秀雅杜鹃（*Rh. concinnum*，中国特有种），2750米，
针阔叶混交林带
摄影：贡嘎山站供稿，罗辑，2017年5月，草海子

大白杜鹃（*Rh. decorum*），针阔叶混交林带
摄影：海螺沟景区管理局供稿，李华均，2009年5月

大王杜鹃（*Rh. rex*，四川、云南特有种，中国易危种），2840米，针阔叶混交林带
摄影：贡嘎山站供稿，罗辑，2017年5月，草海子

大白杜鹃，针阔叶混交林带
摄影：成都山地所供稿，金昌平，1988年5月

繁花杜鹃（*Rh. floribundum*，四川、云南特有种与中国易危种），针阔叶混交林带
摄影：海螺沟景区管理局供稿，文月，2011年4月

槭树上的树生杜鹃，倒冲桥左岸2600米，针阔叶混交林带
摄影：成都山地所供稿，陈富斌，1987年5月

麦吊云杉枯杆上的树生杜鹃，2780米，针阔叶混交林带
摄影：成都山地所供稿，赵永涛，1993年5月，草海子

麦吊云杉上的树生杜鹃，2520米，针阔叶混交林带
摄影：成都山地所供稿，陈飞虎，2001年5月，热水沟

长得像蘑菇一样的被子植物川藏蛇菰（*Balanophora fargesii*），亚高山针阔叶混交林下。娇小独特的蛇菰科植物是植物界的奇葩，罕见
摄影：贡嘎山站所供稿，罗辑，2017年8月

大叶柳（*Salix magnifica*，四川特有种与中国易危种），针阔叶混交林带
摄影：印开蒲，1980年

针阔叶混交林带秋景，狮子岩西2700米左右　摄影：成都山地所供稿，陈富斌，2000年11月

草海子秋景，针阔叶混交林带
摄影：海螺沟景区管理局供稿，李屏，2008年10月

草海子秋景，针阔叶混交林带
摄影：贡嘎山站供稿，廖兴宇，2017年11月

草海子秋景，针阔叶混交林带
摄影：海螺沟景区管理局供稿，2006年12月

草海子秋景，针阔叶混交林带
摄影：贡嘎山站供稿，廖兴宇，2017年11月

针阔叶混交林冬景

摄影：成都山地所供稿，金昌平，1989年1月

麦吊云杉王的冬景

摄影：成都山地所供稿，金昌平，1989年1月

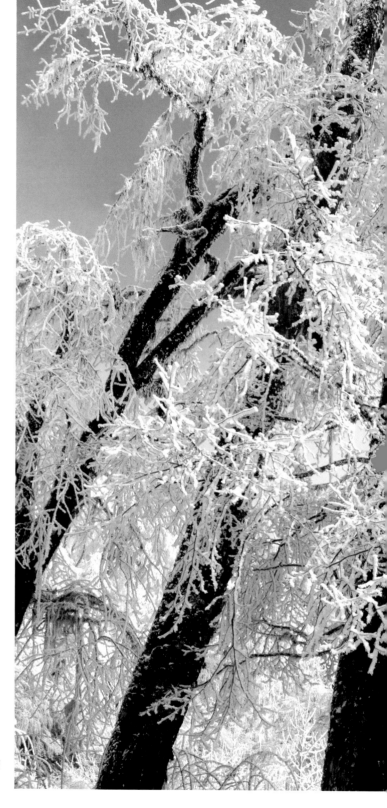

草海子麦吊云杉林的冬景，针阔叶混交林带

摄影：成都山地所供稿，陈飞虎，2018年1月

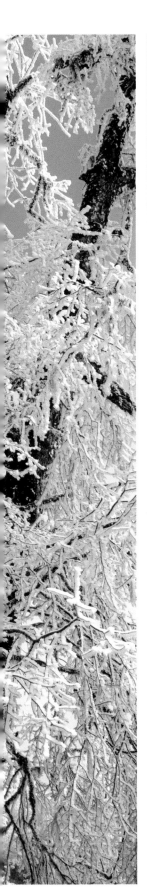

草海子冬景，远景为狮子岩，针阔叶混交林带
摄影：成都山地所供稿，陈飞虎，2018年1月

针阔叶混交林冬景
摄影：海螺沟景区管理局供稿，唐保安，2014年12月

茶藨子林冬景，针阔叶混交林带
摄影：成都山地所供稿，金昌平，1989年1月

麦吊云杉、杜鹃林冬景　摄影：江卫平，2012年1月

草海子麦吊云杉、杜鹃林冬景，针阔叶混交林带
摄影：成都山地所供稿，陈飞虎，2018年1月

草海子麦吊云杉、杜鹃林冬景与藏酋猴（*Macaca thibetana*，中国特有种与易危种，国家Ⅱ级保护动物），针阔叶混交林带
摄影：成都山地所供稿，陈飞虎，2018年1月

2.2.4 山地亚热带常绿阔叶与落叶阔叶混交林带

贡嘎山景观生态结构综合剖面与山地亚热带常绿阔叶与落叶阔叶混交林带位置图如图2-4所示。

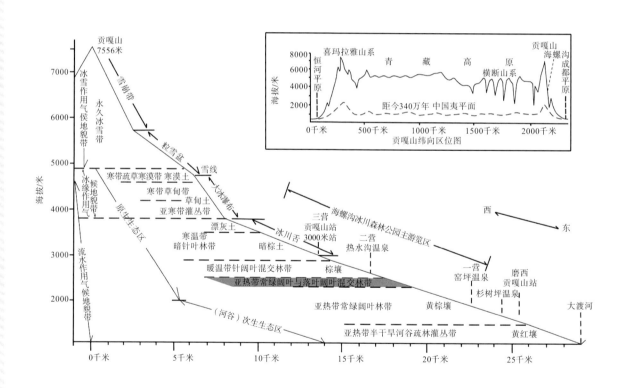

图2-4 贡嘎山景观生态结构综合剖面与山地亚热带常绿阔叶与落叶阔叶混交林带位置图

常绿阔叶与落叶阔叶混交林春景，大湾子2400米
摄影：海螺沟景区管理局供稿，2011年4月

康定木兰（*Magnolia dawsoniana*，贡嘎山特有种与中国濒危种，四川省重点保护植物），常绿阔叶与落叶阔叶混交林带
摄影：海螺沟景区管理局供稿，2011年4月

康定木兰，常绿阔叶与落叶阔叶混交林带
摄影：海螺沟景区管理局供稿，2010年4月

康定木兰，青石板沟，常绿阔叶与落叶阔叶混交林带　摄影：邓明前，2000年4月

尖被百合（*Lilium lophophorum*）
摄影：海螺沟景区管理局，何跃文

大百合（*Cardiocrinum giganteum*，中国易危种），大湾子2400米，
常绿阔叶与落叶阔叶混交林带
摄影：贡嘎山站供稿，陈富斌，1988年4月

西康木兰（*Magnolia wilsonii*，四川、云南、贵州特有种，中国易
危种与IUCN濒危种，国家Ⅱ级保护植物），常绿阔叶与落叶阔叶
混交林带
摄影：印开蒲，1980年

大花杓兰（*Cypripedium macranthum*，中国近危种），大湾子
2480米，常绿阔叶与落叶阔叶混交林带
摄影：成都山地所供稿，金昌平，1988年4月

连香树（*Cercidiphyllum japonicum*，稀有种，国家 II 级
保护植物），常绿阔叶与落叶阔叶混交林带
摄影：贡嘎山站供稿，陈富斌，1990年8月

常绿阔叶与落叶阔叶混交林，上部为针阔叶混交林
摄影：贡嘎山站供稿，陈富斌，1990年8月

常绿阔叶与落叶阔叶混交林秋景，海螺沟中游右岸
摄影：贡嘎山站供稿，罗辑，2010年11月

连香树春景，常绿阔叶与落叶阔叶混交林带
摄影：海螺沟景区管理局供稿，文月，2011年4月

2.2.5 山地亚热带常绿阔叶林带

贡嘎山景观生态结构综合剖面与山地亚热带常绿阔叶林带位置图如图2-5所示。

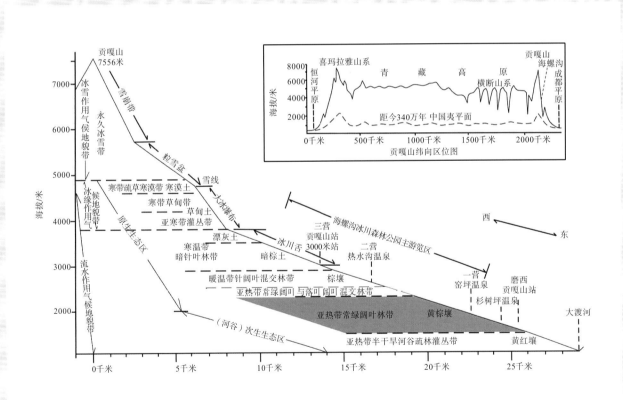

图2-5 贡嘎山景观生态结构综合剖面与山地亚热带常绿阔叶林带位置图

常绿阔叶林景观，锅圈岩麓2340米
摄影：贡嘎山站供稿，陈富斌，1988年7月

包果柯（*Lithocarpus cleistocarpus*），高30米，胸径
1.4米，树干与主枝上附生了平肋书带蕨、小果蔊蕨、
毡毛右苇、二色瓦苇、灰水龙骨、匙叶剑蕨、褐柄剑
蕨、宝兴越桔、树生杜鹃、点花黄精、独蒜兰、飘浮
黄精等12种以及鳞毛蕨、茶藨子、花楸等3属植物（刘
照光等，1985），青石板沟2260米，常绿阔叶林带
摄影：贡嘎山站供稿，潘煮峰，1991年8月

垂茎异黄精（*Heteropolygonatum pendulum*，稀有种）
（刘照光，1985）附生于包果柯上，常绿阔叶林带
摄影：成都山地所供稿，陈富斌，1985年10月

包果柯附生植物近景，常绿阔叶林带　摄影：林强，2001年4月

扇蕨（*Neocheiropteris palmatopedata*，
中国特有种与易危种，国家Ⅱ级保护
植物），常绿阔叶林带
摄影：印开蒲，1980年

水青树（*Tetracentron sinense*，中国特
有种与易危种，国家Ⅱ级保护植物），
常绿阔叶林带
摄影：印开蒲，1980年

天麻（*Gostrodia elata*，中国易危种），青石板沟2300米，
常绿阔叶林带
摄影：贡嘎山站供稿，陈富斌，1989年5月

石棉南星（*Arisaema shihmienense*，中国特有种与易危种），青石
板沟2260米，常绿阔叶林带
摄影：贡嘎山站供.稿，陈富斌，1996年5月

棕榈（*Trachycarpus fortunei*）林，小河沟1800米，常绿阔叶林带，远景雪山为三连峰
摄影：成都山地所供稿，陈富斌，1998年6月

2.3 冰川退缩迹地植被原生演替

冰川河坝——冰川退缩迹地的冬景。右前方高岩为狮子岩　摄影：江卫平，2011年1月

城门洞冰川退缩迹地植被原生演替景观：近景为1号冰川冰舌前段，谷中景为先锋植物冬瓜杨、沙棘、高山柳小树群落，谷地远景为冬瓜杨、沙棘中树与云冷杉小树群落，谷坡台地为晚贡嘎冰期侧碛堤冷杉顶极群落

摄影：成都山地所供稿，陈富斌，2003年4月

0年，原生裸地

摄影：贡嘎山站供稿，罗辑，1998年

3年，蒲团状黄耆（*Astragalus membranaceus*）、斜茎黄耆（*Astragalus adsurgens*）等草本植物

摄影：贡嘎山站供稿，罗辑，1993年7月

3年，裸地的冬瓜杨（*Populus purdomii*）种子萌发
摄影：贡嘎山站供稿，罗辑，2016年5月

4~7年，斜茎黄耆等草本植物与先锋木本植物冬瓜杨、沙棘（*Hippophae rhamnoides*）、高山柳（*Salix cupularis*）幼苗群落
摄影：贡嘎山站供稿，罗辑，1993年7月

7~17年，先锋木本植物冬瓜杨、沙棘、高山柳与云冷杉幼苗群落
摄影：贡嘎山站供稿，罗辑，1993年7月

17~35年，先锋木本植物中树与云冷杉幼树群落
摄影：成都山地所供稿，陈飞虎，2001年5月

佛甲草（*Sedum lineare*），城门洞冰川退缩迹地砾石滩
摄影：贡嘎山站供稿，刘巧，2012年8月

柳兰（*Epilobium angustifolium*），3500米，冰川退缩迹地砾石滩
摄影：成都山地所供稿，陈飞虎，2002年7月，长草坝

药用大黄（*Rheum officinale*），倒冲桥冰川退缩迹地
摄影：贡嘎山站供稿，陈富斌，1991年

延龄草（*Trillium tschonoskii*，中国近危种），冰川退缩迹地，2900米
摄影：贡嘎山站供稿，陈富斌，1996年6月

川西荚蒾（*Viburnum davidii*），叶片上分布的黄斑椿（*Erthesina fullo*）刚孵化出来的幼虫，冰川退缩迹地
摄影：贡嘎山站供稿，罗辑，2017年5月

冰川退缩迹地沙棘林秋景，远景雪山为三连峰　　冰川退缩迹地冬瓜杨、沙棘林冬景，远景雪山为未名峰
摄影：贡嘎山站供稿，陈富斌，2003年11月　　摄影：贡嘎山站供稿，陈富斌，2003年11月

长草坝冬景：谷地为三号冰川退缩+古泥石流迹地自然演替之先锋植物高山柳、冬瓜杨、杜鹃群落，谷坡为峨眉冷杉顶级群落
摄影：海螺沟景区管理局供稿，2011年1月，镜向南

三号冰川退缩迹地+古泥石流砾石滩

摄影：贡嘎山站供稿，陈富斌，1989年6月，镜向南

2.4 部分珍稀野生动物

岩羊（*Pseudois nayaur*，中国易危种，国家Ⅱ级保护动物），高山裸岩与灌丛草甸
摄影：左／贡嘎山站供稿，刘巧，2013年10月；右／海螺沟景区管理局供稿，文月，2006年11月

藏酋猴（*Macaca thibetana*，中国特有种与易危种，国家Ⅱ级保护动物），
采食康定木兰花瓣，常绿阔叶与落叶阔叶混交林带
摄影：海螺沟景区管理局供稿，文月，2011年4月

藏酋猴，针阔叶混交林带
摄影：海螺沟景区管理局供稿
　　　左／文月，2007年9月；
　　　右／李屏，2012年3月，热水沟

白腹锦鸡（*Chrysolophus amherstiae*），国家Ⅱ级保护动物
摄影：海螺沟景区管理局供稿，何跃文

棕腹啄木鸟（*Dendrocopos hyperythrus*）
摄影：何跃文，2017年8月

棕尾褐鹟（*Muscicapa ferruginea*）
摄影：何跃文，2017年8月

赤胸啄木鸟（*Dendrocopos cathpharius*，稀有种），
针阔叶混交林带
摄影：成都山地所供稿，金昌平，1985年10月

鹰雕（*Nisaetus nipalensis*，国家Ⅱ级保护动物）
摄影：何跃文，2017年11月

淡眉柳莺（*Phylloscopus humei*）
摄影：何跃文，2017年10月

黄喉鹀（*Emberiza elegans*）
摄影：何跃文，2017年4月

黑喉石䳭（*Saxicola torquata*）
摄影：何跃文，2017年10月

褐头雀鹛（*Fulvetta cinereiceps*）
摄影：何跃文，2016年11月

领岩鹨（*Prunella collaris*），高山草甸带
摄影：贡嘎山站供稿，刘巧，2013年10月，长草坝

金眶鹟莺（*Seicercus burkii*）
摄影：成都山地所供稿，兰立波，2010年7月，黄崩溜沟

二尾蛱蝶（*Polyura narcaea*） 摄影：林强

双尾褐凤蝶（*Bhutanitis mansfieldi*，
四川贡嘎山、云南玉龙雪山特有种，
中国濒危种，国家Ⅱ级保护动物）
摄影：贡嘎山站供稿，1995年

金带喙凤蝶（*Teinopalpus imperialis*，
中国易危种）
摄影：贡嘎山站供稿，1995年

君主绢蝶（*Parnassius imperator*）
摄影：贡嘎山站供稿，1995年

裳凤蝶（*Troides helena*） 摄影：贡嘎山站供稿，1995年

绿凤蝶（*Pathysa antiphates*） 摄影：林强

3

海螺沟
热矿泉景观

海螺沟内主要有热水沟温泉、窑坪温泉与杉树坪温泉三处，经检测同属医疗热矿泉水。

热水沟温泉（海拔2580米），溢出水温77～80℃，流量103升/秒（10月，昼夜流量8900立方米），pH 6.7，矿化度0.9克/升，属硅、硫化氢、氟优质医疗热矿泉水。

窑坪温泉（海拔1900米），溢出水温57℃，流量4升/秒，pH 8.4，矿化度0.6克/升，属于硅、氟医疗热矿泉水。

杉树坪温泉（海拔1600米），钻探孔口水温64.5～66.0℃，流量8～10升/秒，pH 6.9～7.0，矿化度0.8克/升，属硼质硅、硫化氢、氟优质医疗热矿泉水。

此外，沟内还有溢出水温在33℃以下的温泉5处。

热水沟温泉，溢出水温80℃　摄影：成都山地所供稿，陈富斌，1980年6月

针阔叶混交林中的热水沟温泉，2580米
摄影：贡嘎山站供稿，陈富斌，1989年7月

热水沟二营热矿泉浴场的冬景 摄影：海螺沟景区管理局供稿，2007年3月

热水沟二营热矿泉浴场的秋景
摄影：海螺沟景区管理局供稿，文月，2007年11月

热水沟针阔叶混交林中的二营热矿泉浴场
摄影：成都山地所供稿，陈富斌，2002年4月

窑坪热矿泉，溢出水温57℃，出露于常绿阔叶林
与冰碛层
摄影：成都山地所供稿，陈富斌，1985年10月

杉树坪热矿泉，出露于河漫滩与I级阶地砂砾层，溢出水温52~62℃，
钻探孔口水温64.5~66.0℃
摄影：海螺沟景区管理局供稿，2012年12月

4

海螺沟自然灾害

海螺沟主要自然灾害现象包括：

雪崩　常年性雪崩分布在雪线以上的高海拔地带，主要出现在1号、2号、3号冰川粒雪盆的后壁，如1号冰川粒雪盆周边就有65个雪崩锥，最大的雪崩可由海拔6600米滑落到3700米的大冰瀑布脚下（王彦龙和邵文章，1984）。1988年7月的一次源于主峰东坡、滑过大冰瀑布的雪崩，使游客1人蒙难。季节性雪崩来源于海拔4000米以上的接近分水岭的古冰斗与洼地的冬季春季积雪，多发生于2~4月，主要出现在狮子岩—长草坝、青石板—黄崩溜与黑松林一带，下滑最低可到达海拔3000~3200米的陡坡前沿，能摧毁森林植被等。

冰雪融水雨水混合型泥石流　海螺沟的支沟长草坝沟、黄崩溜沟、热水沟、青石板沟、小沟、桂花沟等都曾发生过中小型泥石流，是常见的灾害类型。例如1989年7月26日热水沟泥石流冲毁价值8万元的服务设施。海螺沟口的燕子沟干流，曾于同一天发生大型泥石流，造成磨西—海螺沟公路大桥被冲毁等重大灾情。

滑坡与崩塌　滑坡主要出现于1号冰川冰舌的两侧与3号冰川前端的高位冰碛堤，如黑松林滑坡、老观景台滑坡、马日岗滑坡、长草坝滑坡，均因冰川消融使冰面高度降低，导致坡脚减载失稳而引起坡体缓慢滑动。古崩塌体比较多见，其中热水沟温泉上方的古崩塌岩屑坡，其前沿受冻融作用与暴雨下渗影响而发生局部蠕动；老观景台滑坡与倒冲桥左岸古冰碛堤前沿陡坡的崩塌滑坡群，毁损步游道。

冰川洪水　1989年7月26日暴发冰川洪水，流速10米/秒、流量1156米^3/秒，冲毁河谷游览道。海螺沟冰川存在冰下河堵溃现象，如果气温持续偏高和降水增多，当暴雨与冰下河溃决同时出现时，会形成较大的洪灾。

除此之外，沟内两岸高坡受冻融作用、暴雨冲刷与强震影响，易发生岩崩、坠石、飞石；暴雨集中易引发洪水；异常低温与强降雪，易引发冻害与雪害。

强震影响　1786年6月1日康定、泸定磨西间7.5级地震，宏观震中处在新兴乡雅家埂附近，震中烈度大于或等于Ⅹ度，磨西的烈度为Ⅸ度，海螺沟流域的烈度为Ⅶ~Ⅷ度。1955年4月14日康定折多塘7.5级地震，宏观震中处在榆林乡折多塘村与毛家沟村之间，震中烈度为Ⅹ度，磨西的烈度为Ⅶ度，海螺沟流域的烈度为Ⅶ度。

2号冰川粒雪盆后缘的角峰与雪崩槽　摄影：贡嘎山站供稿，陈富斌，1989年5月

大冰瀑布坡麓的冰雪崩锥　摄影：贡嘎山站供稿，刘巧，2013年10月

大冰瀑布雪崩雪滑过的冰面，1号冰川冰舌上段尾部

摄影：贡嘎山站供稿，刘巧，2006年6月

黑松林季节性雪崩槽群，下为1号冰川　摄影：贡嘎山站供稿，陈富斌，1993年5月

狮子岩（上左）—簸箕湾（上右）的季节性雪崩槽群，崩雪穿过高山草甸、灌丛带并进入亚高山暗针叶林带上部
摄影：成都山地所供稿，陈富斌，1985年10月

黄崩溜小沟1989年7月26日的暴雨泥石流毁损冷杉林，3060米
摄影：贡嘎山站供稿，陈富斌，1989年8月

5

磨西河冰川地貌
与人文景观

5.1 磨西面冰水台地田园风光、古镇与红军长征纪念地

磨西面冰水台地田园风光

　　磨西面台地，由厚120米的以冰水沉积为主，包含冰碛、冰川洪水与冰川泥石流堆积的砂砾层构成。这是一套末次冰期（晚贡嘎冰期）结束后全球环境进入高温时期在贡嘎山地区的典型沉积，年龄为距今1.2万年（或更早）～距今0.5万年，地层称为磨西组。台地所在谷地原有冰川堆积，后经末次冰期后的冰水与冰川泥石流改造形成最宽1.6千米的冰碛-冰水沉积平原，再后随贡嘎山的快速隆起经磨西河与燕子沟从两侧深切，侵蚀形成长10千米、宽0.2～1.2千米的舌状台地。台地顶面古称磨西面。磨西组剖面是贡嘎山地区全新世早期堆积的标准剖面，磨西河谷是研究贡嘎山隆起的典型地区之一。贡嘎山地区景观分区与磨西河位置图如图5-1所示。

　　磨西面的农业比较发达，主要得益于始建于1794年的一条纵贯台地的自流大堰。沿大堰构筑的水轮磨房、散落在田园之中的明清建筑格调的农舍和周边雪山冰川背景，组合成磨西面田园风光。1981年7月美国前国家安全事务顾问布热津斯基到访后称"磨西是中国农村的典型风光"。

磨西古镇

　　海螺沟口的磨西是古代四川与西藏往来的必经之地。在茶马古道中，磨西是重要驿站。1700年清政府平定"西炉之乱"，兵分三路进取打箭炉（今康定），其中一路的"营盘大道"即沿此古道。

　　磨西曾经是区、乡级政府所在地，主要古迹有古街一条、观音寺、建于1922年的天主教堂以及"营盘大道"遗址等。

红军长征纪念地

　　1935年5月，中国工农红军长征途中，发动了著名的大渡河战役。在安顺场战斗之后，中央红军主力沿大渡河右岸（西岸）北上翻越菩萨岗、桂花坪，经过海螺沟下游的柏杨坪、杉树坪和燕子沟上的铁棒桥到达磨西，再从磨西走"营盘古道"翻越摩岗岭，一举夺取泸定桥，取得了在中国革命史上具有重大战略意义的胜利。

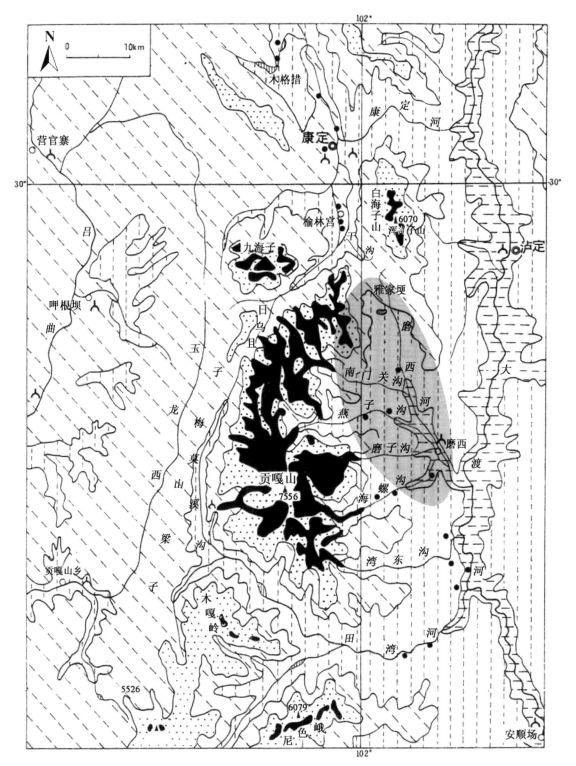

图5-1 贡嘎山地区景观分区与磨西河位置图

![黑色填充]	![点状]	![斜线]	![竖线]	![虚线]	![椭圆]	![点]	![人字]
现代冰川	雪山与现代冰缘地貌	高山灌丛草甸	山地森林	河谷疏林灌丛	湖泊	热矿泉	重要文化遗产

磨西面今貌：主要源于燕子沟的冰碛 - 冰水沉积构成的台地，南段的磨西古镇已发展成旅游镇
摄影：成都山地所供稿，陈飞虎，2017年10月

磨西面蔡阳坪古村落　摄影：成都山地所供稿，陈飞虎，2018年1月

磨西面蔡阳坪古村落与田园风光　摄影：海螺沟景区管理局供稿

海螺沟下游杉树坪古村落
摄影：贡嘎山站供稿，罗辑，2010年11月

磨西面北段田园风光
摄影：海螺沟景区管理局供稿，文月，2010年3月

一水护田将绿绕，两山排闼送青来

磨西面中段田园风光　摄影：海螺沟景区管理局供稿，2013年2月

磨西古镇一条街　摄影：海螺沟景区管理局供稿，2014年1月

磨西天主教堂北楼：红军长征途中，1935年5月29日毛泽东、朱德留宿前排的两间

摄影：海螺沟景区管理局供稿，李华均，2010年7月

磨西天主教堂：建于1922年
摄影：成都山地所供稿，陈飞虎，2001年5月

可避让冰川洪水的藤桥，相传架桥方法承袭数百年，
海螺沟下游　摄影：林强

磨西彝胞毛光荣，参加1985年海螺沟旅游资源科考劳务。1982年5月19日与彝胞农民倪明全、毛绍钧、倪红军进海螺沟采药途中，在城门洞下方河滩发现昏迷多日的日本登山队员松田宏也，他们一面紧急救助，一面由毛绍钧赶回磨西报告，经乡政府组织急速将松田宏也抬送到磨西抢救。"遇难"19天的松田宏也经泸定县第二人民医院抢救脱险，后转送到成都华西医科大学第一附属医院治疗，基本康复后回国。松田宏也恢复活动后说的第一句话是"日中友好万岁"。松田宏也和他的母亲称赞毛光荣等四位农民为"活神仙"。

摄影：成都山地所供稿，金昌平，1985年10月

从磨西古镇眺望磨子沟冰川与孙中山峰
（6886米），右为晨曦
摄影：成都山地所供稿，陈飞虎，2001年6月

5.2 燕子沟景区片断

燕子沟是贡嘎山主峰北坡的冰川侵蚀河谷，以贡嘎山及其姊妹峰——海拔6886米的孙中山峰、3条山谷冰川、森林与垂直自然带谱、温泉、终年雪山与红石滩景观的组合为特色。

燕子沟1号冰川面积32.2平方千米，长10.5千米，冰舌前端海拔3680米；2号冰川面积10.5平方千米，长5.3千米，冰舌前端海拔4320米；3号冰川面积4平方千米，长4.5千米，冰舌前端海拔4140米。除了贡嘎山与孙中山峰，流域分水岭还分布有海拔6000米以上的终年雪峰18座。

此外，沟内的古冰川侧碛堤与沟外的磨西冰水台地相延续，构成长达20千米的冰川堆积地貌景观。

燕子沟景区的6363米峰　摄影：海螺沟景区管理局供稿，欧和均，1999年11月

贡嘎山主峰　摄影：四川省登山协会供稿，2010年10月，燕子沟

燕子沟冰川及其退缩迹地的红石滩

摄影：海螺沟景区管理局供稿，2007年10月

燕子沟1号冰川粒雪盆与冰瀑急流区（近景），远景为贡嘎山主峰

摄影：四川省登山协会供稿，2010年10月，雪山沟下游左岸台地

层林尽染千丈画，红黄翠绿一溪诗

燕子沟1号冰川粒雪盆与冰瀑急流区（近景），远景为贡嘎山主峰　摄影：四川省登山协会供稿，2010年10月，雪山沟下游左岸台地

燕子沟中游的冰缘地貌——冻融风化作用形成的变质岩峰丛景观
摄影：邓明前，1991年6月

燕子沟中游谷地的红石滩与谷坡的亚高山暖温带针阔叶混交林景观
摄影：林强，1993年6月

磨西面北段田园风光与古村落，远景雪山
为燕子沟/南门关沟分水岭6651米峰
摄影：林强，1994年4月

燕子沟/南门关沟分水岭6651米雪山的晨曦

摄影：海螺沟景区管理局供稿，李华均，2009年12月

5.3 雅家埂景区片断

　　雅家埂是川藏茶马古道的南线——史称"唐藩古道"经磨西到达打箭炉（今康定）的最后一道山垭。景区处在贡嘎山主峰分水岭北段的东坡和其外延浑海子山（6070米）—白海子山（5924米）的西南坡，以冰斗冰川、冰缘地貌与古冰川地貌、高山湖泊、高山草甸、亚高山冷杉林与杜鹃林、谷地红石滩景观组合为特色。

雅家埂浑海子山（6070米，中）冰川地貌景观　摄影：贡嘎山站供稿、陈富斌，1989年5月

雅家埂情人海（原名猪腰子海）景观：冰碛湖（3560米）以及环湖的杜鹃林和冷杉林，亚高山暗针叶林带
摄影：成都山地所供稿，隋山川，1980年5月

雅家埂情人海冷杉、杜鹃林景观　摄影：成都山地所供稿，隋山川，1980年5月

雅家埂情人海晨曦　摄影：海螺沟景区管理局供稿，2011年5月

雅家埂情人海景观　摄影：邓明前，2004年6月

雅家埂黑沟红石滩景观，远景为贡嘎山主峰分水岭北段的5726米峰与黑沟冰川
摄影：海螺沟景区管理局供稿，2010年11月

雅家埂冷杉、杜鹃层林景观，情人海南坡，3400~3500米，暗针叶林带
摄影：成都山地所供稿，陈富斌，1987年5月

凹叶杜鹃林，亚高山暗针叶林带。"茶马古道"从杜鹃林下穿过
摄影：成都山地所供稿，陈富斌，1987年5月

雅家埂全缘绿绒蒿（*Meconopsis integrifolia*），高山草甸带
摄影：海螺沟景区管理局供稿，李华均，2010年7月

6

贡嘎山西坡、北坡
冰川地貌景观

6.1

贡嘎山主峰与
主峰分水岭景区片断

早期的贡嘎山探险科考记载，无不围绕从西坡高原面上眺望贡嘎山主峰。

贡嘎山是大雪山脉的最高峰，但其所在并非大雪山脉的主分水岭，而是大雪山脉主分水岭东侧经莫溪沟与日乌且分隔的支分水岭——贡嘎山主峰所在的分水岭。贡嘎山主峰分水岭，呈一长66千米向西凸的弧形，集中了37座海拔6000米以上的山峰（绝大多数为金字塔形终年雪山）。

根据苏珍2000年撰写的"贡嘎山冰川展厅科学内容"，贡嘎山地区有冰川130条，冰川面积288平方千米，冰川冰储量26立方千米；冰川形态类型有山谷冰川、冰斗冰川、悬冰川、冰帽等类型；除外围的九海子山（海拔5528米）和木嘎岭（海拔5464米）等分布小型冰川群，占该区冰川总面积89%与冰川冰总储量95%的冰川集中于主峰分水岭，包括冰川74条、冰川面积256平方千米与冰川冰储量25立方千米，沿主峰分水岭构成南北长50千米、东西最宽20千米的羽状冰川群。其中长度等于或超过10千米的冰川有海螺沟1号冰川、磨子沟冰川、大贡巴冰川、南门关沟冰川与燕子沟1号冰川，以海螺沟1号冰川最长。贡嘎山主要冰川基本要素与谷地景观资源构成如表6-1、图6-1所示。

贡嘎山主峰分水岭受西侧的莫溪沟—南侧的田湾河、北侧的日乌且—榆林河—康定河与东侧的磨西河—大渡河所围限，构成贡嘎山分水岭两侧水系均向东汇入大渡河的以现代冰川和终年雪山群为突出景观的极高山自然综合体。本书的1~5章展示了贡嘎山极高山自然综合体的东坡以海螺沟为代表的基本特征，本章所展示的是其西坡特征的片断，包括：贡嘎山主峰与冰川覆盖的主峰分水岭雄姿，罕见的冰川地貌，珍稀花卉云集的高山草甸，深切峡谷的特有种森林。

表6-1 贡嘎山主峰分水岭主要冰川基本参数与谷地景观资源构成

冰川名称	地貌部位	所属水系	冰川类型	冰川面积（平方千米）	冰川长度（千米）	冰川平均厚度（米）	冰川冰储量（立方千米）	冰川海拔（米）		冰川资料来源	流域景观资源构成
								上限	下限		
海螺沟1号冰川	主峰东坡	大渡河水系磨西河的支流	山谷冰川	25.71	13.1	130	3.34	7556	2980		冰川、森林、热泉、贡嘎雪山
磨子沟1号冰川	主峰东坡	大渡河水系磨西河的支流	山谷冰川	26.76	11.6	131	3.51	6886	3600		冰川、森林、雪山
燕子沟1号冰川	主峰北坡	大渡河水系磨西河的支流	山谷冰川	32.15	10.5	139	4.47	7556	3680		冰川、森林、热泉、贡嘎雪山
南门关沟1号冰川	主峰以北，主身分水岭东坡	大渡河水系磨西河的支流	山谷冰川	16.71	10.0	113	1.89	6548	3460	《中国冰川目录》1994.12	冰川、森林、雪山
大贡巴冰川	主峰西坡	大渡河水系磨西河的支流	山谷冰川	20.21	11.0	120	2.43	7556	3660		冰川、森林、贡嘎雪山
湾东河（两叉河）冰川	主峰东南，主峰分水岭东坡	大渡河水系湾东河支流	山谷冰川	2.39	4.3	58	0.14	5420	3920		冰川、森林、热泉、雪山
日乌且1号冰川	主峰以北，主峰分水岭西坡	大渡河水系瓦斯沟支流	山谷冰川	7.73	6.2	87	0.67	6376	4320		冰川、草甸、森林、雪山
日乌且2号冰川	主峰分水岭西坡	大渡河水系瓦斯沟支流	山谷冰川	5.04	5.8	75	0.38	6400	4320		
白海子山冰川	主峰东北，主峰分水岭西坡	大渡河水系瓦斯沟支流	冰斗冰川群	0.21～1.14	0.6～1.7	22～44	0.05～<0.01	6070	4900		冰川、湖泊、草甸、热泉、雪山

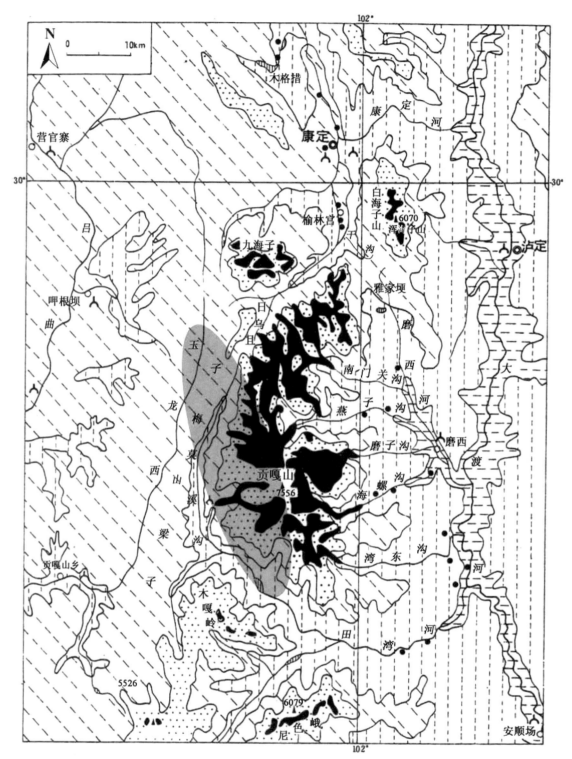

图6-1 贡嘎山地区景观分区与主峰西坡冰川地貌区位置图

现代冰川	雪山与现代冰缘地貌	高山灌丛草甸	山地森林	河谷疏林灌丛	湖泊	热矿泉	重要文化遗产

贡嘎山主峰与主峰分水岭　摄影：成都山地所供稿，隋山川，1980年6月，子梅山垭口

贡嘎山主峰及其西坡的贡巴冰川，右为大贡巴
冰川，左为小贡巴冰川
摄影：成都山地所供稿，隋山川，1980年6月，
贡嘎寺后山

木嘎岭并排的古冰斗景观（4700~4800米，晚贡嘎冰期/末次冰期）

摄影：成都山地所供稿，隋山川，1980年6月，贡嘎寺

贡嘎寺，始建于公元1285年，面对着大贡巴冰川前端，坐落于贡巴沟右岸晚贡嘎冰期（末次冰期）侧碛堤之上
摄影：贡嘎山站供稿，陈富斌，1993年5月

点地梅（*Androsace umbellata*，粉红色）与鸦跖花
（*Oxygraphis glacialis*，黄色）群落，贡嘎山西坡4380米，
高山草甸带
摄影：成都山地所供稿，陈富斌，1993年5月

高山龙胆（*Gentiana algida*）群落，贡嘎山西坡4200米，
高山草甸带
摄影：成都山地所供稿，陈富斌，1990年10月

川滇冷杉（*Abies forrestii*，西南特有种，中国易危种）林，莫溪沟
摄影：成都山地所供稿，陈富斌，1993年5月

贡嘎山晚霞与莫溪沟—田湾河云海
摄影：海螺沟景区管理局供稿，梁江川，2010年

贡嘎山晚霞
摄影：海螺沟景区管理局供稿，袁琦，2009年12月

贡嘎山主峰与主峰分水岭晚霞
摄影：海螺沟景区管理局供稿，李中华，2009年10月

贡嘎山主峰与主峰分水岭晚霞　　摄影：林强，子梅山梁子北段冷嘎措

贡嘎山主峰与主峰分水岭晚霞

摄影：海螺沟景区管理局供稿，李中华，2009年10月

贡嘎山主峰、主峰分水岭与莫溪沟一田湾河云海　摄影：贡嘎山站供稿，罗辑，2017年10月，子梅山

贡嘎山与莫溪沟云海
摄影：贡嘎山站供稿，罗辑，2017年10月，子梅山

贡嘎山主峰、主峰分水岭与莫溪沟—田湾河云海
摄影：贡嘎山站供稿，罗辑，2017年10月，子梅山

大雪山脉分水岭盘盘山垭口（4663米）附近的雪峰群
摄影：贡嘎山站供稿，陈富斌，1990年10月，玉龙西上游

从西北坡眺望贡嘎山，高尔寺山4300米　摄影：海螺沟景区管理局供稿，文月，2007年3月

从甲根坝梁子向东南眺望贡嘎山

摄影：林强，2007年3月

从营官寨向南眺望贡嘎山

摄影：成都山地所供稿，陈飞虎，2002年7月

贡嘎山主峰与佛光　摄影：何跃文，2016年7月，子梅山

贡嘎山主峰分水岭晚霞　摄影：何跃文，2016年7月，子梅山

6.2 白海子山冰川地貌与榆林宫热矿泉景区片断

白海子山处在贡嘎山主峰分水岭北端外延浑海子山（6070米）—白海子山（5924米）分水岭的西南坡，与主峰分水岭东坡的雅家埂景区以雪门坎（4000米）山垭相背。白海子山并列的金字塔形终年雪峰群与冰斗冰川 - 悬冰川群、白海子冰蚀湖、珍稀花卉云集的高山草甸、高山杜鹃灌丛带与谷地榆林宫特优医疗热矿泉群组合，构成康定情歌诞生地跑马山地区的独特自然景观。贡嘎山地区景观分区与白海子山冰川地貌区位置图如图6-2所示。

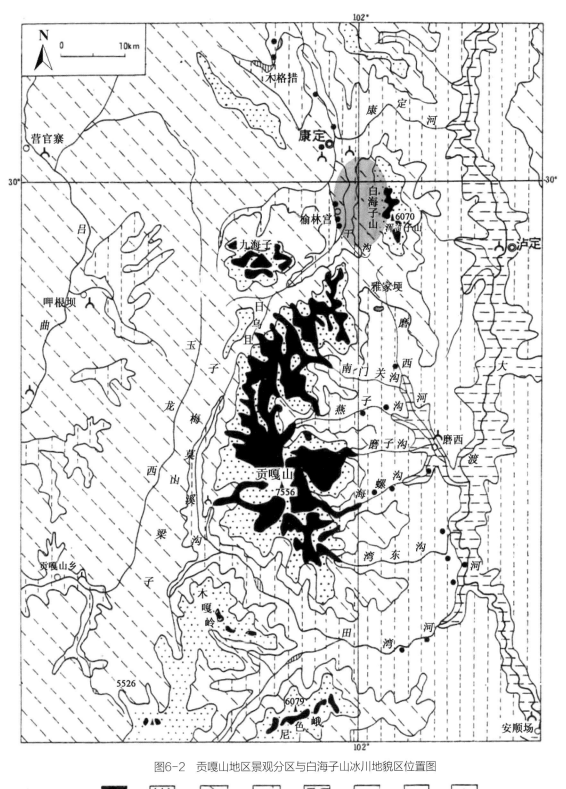

图6-2 贡嘎山地区景观分区与白海子山冰川地貌区位置图

现代
冰川

雪山与
现代冰
缘地貌

高山灌
丛草甸

山地
森林

河谷疏
林灌丛

湖泊

热矿泉

重要文
化遗产

白海子雪茶（*Thamnolia vermicularia*），高山灌丛草甸带
摄影：成都山地所供稿，陈富斌，1998年6月

白海子四裂红景天（*Rhodiola quadrifida*），高山灌丛草甸带
摄影：成都山地所供稿，陈富斌，1998年6月

白海子冰蚀湖（4150米）景观
摄影：康定县科委供稿，2000年9月

白海子龙胆（*Gentiana*，蓝色花）、报春（*Primula* spp.，粉色花，黄色花）、香青（*Anaphalis sinica*）群落，高山灌丛草甸带
摄影：成都山地所供稿，陈富斌，1998年6月

白海子华丽龙胆（*Gentiana sinoornata*）—红景天（*Rhodiola rosea*）群丛，高山灌丛草甸带
摄影：成都山地所供稿，陈富斌，2000年9月

白海子冰川地貌——高山杜鹃灌丛 - 草甸生态景观　摄影：成都山地所供稿，陈富斌

榆林宫1号泉景观：水温74~78℃，流量2.28升/秒，属碳酸、锂、硼质硅、氟、重碳酸钠复合医疗矿泉水
摄影：成都山地所供稿，陈富斌，1996年12月

榆林宫5号泉景观：从Ⅱ级阶地前缘与河漫滩溢出的泉群，年均流量4.017升/秒。"灌顶"系川边镇守使殷承瓛1918年书刻，取于佛经中的"醍醐灌顶"，意为增智醒脑
摄影：成都山地所供稿，陈富斌，1996年12月

①冰蚀湖；②冰床；③鲸背石；④岩肩；⑤冰碛堤；⑥杜鹃群落；⑦龙胆、报春草甸群落

5-1号泉的喷射景观，年水温82~85℃，属锂、硼质硅、硫化氢、重碳酸钠复合医疗矿泉水

摄影：贡嘎山站供稿，陈富斌，1995年10月

8号泉：从高洪积台地前缘溢出的泉群，年水温33~40℃，年均流量0.262升/秒，属锂、硼、铁质碳酸、硅、氟、重碳酸钠医疗矿泉水

摄影：贡嘎山站供稿，陈富斌，1995年10月

灌顶泉华塔，高4.1米、底径2.4米之塔状泉华锥，为全国最高的泉华锥之一，尚在生长中，塔顶泉口水温91℃（1991年）。地方志称"灌顶突泉"与"药水石室"，民间奉为神物，称之"火龙石"
摄影：贡嘎山站供稿，陈富斌，1995年10月

7

贡嘎山
山地科学考察

7.1　贡嘎山专项科考

20世纪60年代以来，我国的地学、生物学等学科领域的区调、勘测、科研、教学等部门，对贡嘎山地区进行了内容广泛的科考与测绘。其中以中国科学院为主的贡嘎山专项科考活动有：

1. 1979～1980年，中国科学院成都地理研究所组织的贡嘎山地理科学综合考察，发表了包含贡嘎山地区地质构造、贡嘎山地区地貌特征及地貌发育史、贡嘎山地区水热基本特征及光合生产潜力、贡嘎山地区河川水文、贡嘎山地区水化学概况、贡嘎山地区土壤发生及分布、贡嘎山地区垂直自然带初探等7篇论文的著作《贡嘎山地理考察》、《贡嘎山地区新构造的若干问题》，提出将贡嘎山建成一个完善的高山旅游系统，在主峰周围建立东坡的海螺沟冰川观赏地。

2. 1979～1981年，中国科学院成都生物研究所组织的贡嘎山植被考察，发表了《贡嘎山植被》（刘照光，1985）与《贡嘎山地区的珍稀植物》（印开蒲，1987）等一批论著，提出了建立自然保护区的建议。

3. 1981～1984年，中国科学院综合科学考察队组织中国科学院兰州冰川冻土研究所和兰州大学地理系开展横断山脉冰川考察，对贡嘎山与海螺沟进行了重点调查和定位观测；发表了《横断山冰川》（李吉均和苏珍，1996）与《贡嘎山冰川考察》（李吉均等，1983）、《贡嘎山海螺沟雪崩与冰川》（王彦龙和邵文章，1984）等一批论著。

4. 1985年3月～1986年7月，泸定县人民政府与中国科学院成都地理研究所联合实施了5个科研单位与6个管理部门参与的海螺沟旅游资源考察评价项目，由中国科学院成都地理研究所负责提交的《泸定县海螺沟旅游资源考察评价报告》提出：①海螺沟旅游资源包括自然景观与人文景观，以自然景观资源为主体。海螺沟景区面积200平方千米，景观独特，环境优美，经济与科学价值很大，旅游开发条件较好，建议列为国家重点风景名胜区规划与开发。②鉴于现代冰川是海螺沟的突出景观，国内尚无冰川旅游地的先例，建议将该旅游景观区命名为海螺沟冰川公园。③开辟冰川游览区在我国还是首次，加强冰川观测，掌握冰川运动规律以指导旅游，是公园管理的重要任务。建议科研部门与景区管理部门合作，尽快地在沟内建立包括冰川、气象、水文、山地灾害、生态环境等内容的综合性观测系统，尤其是气象站应率先建立。该观测系统是科研设施，为资源合理利用与生态环境保护服务。

5. 1987～1988年，甘孜州林业局组织海螺沟动物与植物资源考察，植物组杨明今等12人（1987年6月）与动物组胡锦矗等11人（1988年5月、8月），发表了《贡嘎山海螺沟冰川森林考察专辑》（1988年）。

6. 1988～1991年，中国科学院、水利部成都山地灾害与环境研究所组织了海螺沟风景区环境地质研究（四川省科委项目），提交了《四川贡嘎山海螺沟风景区环境地质研究》。

7. 1990～1991年，中国科学院兰州冰川冻土研究所与苏联科学院地理研究所组织，中国科学院、水利部成都山地灾害与环境研究所、莫斯科大学地理系、格鲁吉亚科学院地理研究所、爱沙尼亚科学院地质研究所和托木斯克参加的中苏贡嘎山海洋性冰川联合考察（中国科学院与苏联科学院合作协议"青藏高原冰川与环境"项目的子项目），发表了 *Glaciers and Environment in the Qinghai-Xizang（Tibet）Plateau[1]——the Gongga Mountain*。

8. 1993～1997年，中国科学院、水利部成都山地灾害与环境研究所与康定县人民政府联合开展了榆林宫热矿泉旅游资源开发与保护研究项目（四川省重点科技研究项目96-08，建设部科技研究项目96-002），陈富斌提交了《四川省康定县热矿泉旅游资源开发与保护研究报告》（川科委鉴字1997-101号），评价"热矿泉水达到医疗价值与矿水浓度标准的特殊组分之多和水质类型之丰富为国内所罕见，属水质特优的大型水源地"。

1979～1980年中国科学院成都地理研究所组织了贡嘎山地理科学综合考察。

以下是1980年5～8月环贡嘎山考察的片断：贡嘎山西坡考察

从玉龙西谷地的朔布（3750米）草甸宿营地起程
摄影：成都山地所供稿，隋山川，1980年6月

在田湾河上游考察（左起：钟祥浩，陈继良，
范文纪，陈富斌）
摄影：成都山地所供稿，赵永涛，1980年6月

向贡嘎寺（距主峰最近的冰碛平台）挺进
摄影：成都山地所供稿，隋山川，1980年6月

拍摄贡嘎山纪录片
摄影：成都山地所供稿，陈继良，
1980年6月

在主峰区考察
摄影：成都山地所供稿，赵永涛，1980年6月

陈富斌从5120米变质岩裸峰观察贡嘎山
摄影：成都山地所供稿，赵永涛，1980年6月

1985年3月～1986年7月，泸定县人民政府与中国科学院成都地理研究所合作实施了海螺沟旅游资源评价项目，成都地理研究所提交的《泸定县海螺沟旅游资源考察评价报告》（主编陈富斌）通过了孙殿卿、施雅风、侯学煜、陈述彭、张宗祜等学部委员的评审。

　　以下是1985年10月5日～11月4日海螺沟旅游资源考察的片断。

考察途中　摄影：成都山地所供稿，陈富斌

在冰川舌前端小憩　摄影：成都山地所供稿，金昌平

考察队员在宿营地合影
摄影：成都山地所供稿，金昌平，1985年10月

1986年1月，中国科学院副院长孙鸿烈（中）与成都分院院长刘允中听取陈富斌与泸定县领导汇报海螺沟旅游资源考察成果
摄影：成都山地所供稿，金昌平，1986年1月

经中共甘孜州委、甘孜州人民政府同意，中共泸定县委、泸定县人民政府于1987年10月15～17日，隆重举行了"海螺沟冰川公园开营典礼"。

参加开营活动的代表在泸定桥革命文物陈列馆前合影
摄影：成都山地所供稿，金昌平

在开营典礼上，四川省旅游局局长李砚田讲话
摄影：成都山地所供稿，金昌平

在开营典礼上，中国科学院成都地理研究所副所长杜炳鑫应邀代表资源论证单位讲话
摄影：成都山地所供稿，金昌平

出席开营典礼的中国科学院成都分院代表与泸定县四大班子领导合影
摄影：成都山地所供稿，邓贤春

在开营考察中，陈富斌同中国科学院成都分院、甘孜州林业局代表交流资源保护
摄影：成都山地所供稿，金昌平

在开营活动中，陈富斌应邀为海螺沟冰川公园三营地揭幕，蒋先继县长主持仪式
摄影：成都山地所供稿，金昌平

1990～1991年中苏贡嘎山海洋性冰川联合考察的片断

面对盘盘山垭口（4653米）宿营。远景右为贡嘎山主峰分水岭的北段，左为九海子山
摄影：成都山地所供稿，陈富斌，1990年10月

子梅冰碛垄近景，大型漂砾同为二长花岗岩，源自贡嘎山主峰
摄影：成都山地所供稿，陈富斌，1990年10月

考察途中，苏方领队奥尔洛夫（冰川学博士，中）与子梅村儿童
在一起
摄影：成都山地所供稿，陈富斌，1990年10月

在海螺沟1号冰川5200米近距离仰视拍摄的粒雪盘后壁的雪崩锥与贡嘎山主峰
摄影：成都山地所供稿，1990年11月

四川省地质矿产勘查开发局海螺沟国家地质公园规划科学活动片断

测绘冰川　摄影：四川省区域地质调查队供稿，2009年10月

调查冰川城门洞　摄影：四川省区域地质调查队供稿，刘一玲，2011年9月

7.2 贡嘎山高山生态系统观测试验站定位研究

　　为配合海螺沟景区开发，经中国科学院成都分院批准，成都地理研究所立项筹建贡嘎山综合观测试验站。在泸定县海螺沟开发办公室的协助下，首先在海拔3000米建立了气象站并从1988年1月1日零时起记录，接着布设并开展了冰川水文、冰川动态与森林生态样地观测与调查，形成了以气象站为标识的综合观测系统3000米站。

　　1988年12月，中国科学院批复同意，由成都山地所牵头，兰州冰川冻土研究所和成都生物研究所参加，共同建立贡嘎山高山生态系统观测试验站，并于1992年进入中国生态系统研究网络，2002年进入科学技术部国家重点野外科学观测试验站。该站现有基地站（1640米）与3000米站以及冰川动态观测点、冰川水文观测点、森林水文观测点、高山自动气象站、生态观测样地、森林通量观测塔与分析测试实验室等垂直梯度带监测体系和基础设施，以高山多层次自然生态系统及其与人类活动的相互作用为主要研究对象，多学科综合研究高山生态系统的演化与环境影响、气候变化与山地冰川消长对生态系统的作用，监测山地环境动态，预测区域环境趋势，为合理利用山地资源和保护山地生态环境，推进山区发展和保护长江上游环境，以及探索全球气候变化的区域响应等，提供重要科学依据和系统性数据支撑。

　　贡嘎山站自建立以来，完成了多项国家重点科技项目计划与国际合作项目，并取得了《甘孜黄土剖面研究》、《成都平原－贡嘎山第四纪地质考察研究报告》、《贡嘎山高山生态环境研究》、《横断山系新构造研究》、《贡嘎山海螺沟冰川与第四纪地质（英文）》、《四川省康定县榆林宫热矿泉旅游资源开发与保护研究报告》、《四川大熊猫栖息地世界自然遗产保护研究》等科技成果，以及*Quaternary Glaciation and Neotectonics in western Sichuan Province*、《横断山系新构造研究》、《贡嘎山海螺沟冰川与第四纪地质考察指南》、《贡嘎山高山生态环境研究》、*Hailuogou Glaciation and Quaternary Geology of Gongga Mountain（Minya Gongkar）*、《中国应用第四纪研究——全国第一届应用第四纪学术会议文集》、《贡嘎山森林生态系统研究》、《贡嘎山高山生态环境研究》（第2卷）、《青藏高原东缘环境与生态》、《中国科学院贡嘎山高山生态系统观测试验站30周年站庆征文》（2017）等一批论著。

建于暗针叶林带古泥石流迹地上的贡嘎山高山生态系统观测试验站3000米站
摄影：贡嘎山站供稿，陈富斌，1988年1月

3000米站的气象观测从1988年1月1日起正式记录
摄影：贡嘎山站供稿，高生淮，1988年1月

1988年10月4日~8日，中国科学院常务副院长孙鸿烈（左1）考察海螺沟，陈富斌（左2）、高生淮（右2）在冰川上汇报贡嘎山综合观测试验站建站规划
摄影：贡嘎山站供稿，金昌平

1989年5月11日~17日，中国科学院资环局副局长赵建平（前排左3）主持《中国科学院贡嘎山高山生态系统观测试验站建站总体规划》评审会。评审专家组由赵士洞（前排右2，组长）、傅立国与鲜肖威（副组长）等组成。这是与会领导和专家合影　摄影：贡嘎山站供稿，金昌平

冰川退缩迹地植被演替调查
摄影：贡嘎山站供稿，陈富斌，1990年5月

冰川舌前端动态调查
摄影：贡嘎山站供稿，彭继伟，1990年6月

1988.1

1990.1

冰蚀谷壁磨光面（左岸）冰川消融动态观测：1988.1、
1990.1示观测时间的冰面位置
摄影：贡嘎山站供稿，陈富斌，1991年10月

冰川水文观测，老城门洞
摄影：成都山地所供稿，陈飞虎，2017年10月

ETKO地质雷达测量冰川厚度　摄影：贡嘎山站供稿，刘巧，2008年4月

测定土壤CO_2的排放量
摄影：贡嘎山站供稿，罗辑，2012年1月

冰川舌前端测绘
摄影：贡嘎山站供稿，刘巧，2008年4月

贡嘎山站科研人员开展高山生态环境调查
摄影：贡嘎山站供稿，罗辑，2008年1月

贡嘎山站与挪威科学家在贡嘎山高山草甸开展"中高纬度山地生态系统响应全球气候变化比较研究"
摄影：贡嘎山站供稿，罗辑，2010年9月

成都山地所依托贡嘎山站建立研究生实习基地。这是2012年组织的博士、硕士研究生在冰川城门洞考察
摄影：贡嘎山站供稿，罗辑，2012年12月

在第一届中国应用第四纪学术会议期间，陈富斌陪同冰川地
貌学家崔之久（左）教授考察海螺沟
摄影：贡嘎山站供稿，刘明德，1996年5月

2002年7月，陈富斌在3000米站会见考察贡嘎山的加拿大雪
崩专家戴维（右）
摄影：成都山地所供稿，章书成

1994年3月，四川省政协主席廖伯康（前中国科学院成都分院副院
长、前四川省委副书记）视察贡嘎山站时听取观测员汇报
摄影：贡嘎山站供稿，刘明德

访问贡嘎山站的国际山地组织MRI
（Mountain Research Initiative）
执行主席、瑞士伯恩大学地理研究所
Gregory B. Greenwood教授考察海
螺沟冰川
摄影：贡嘎山站供稿，罗辑，2010年
11月

1994年3月，四川省政协主席廖伯康与甘孜州领导，在榆林宫热矿
泉现场听取陈富斌汇报贡嘎山旅游资源
摄影：赵宏

7.3 海螺沟国际山地论坛与景区开营30周年纪念活动

2016年10月28日至30日，由甘孜州海螺沟景区管理局和中国科学院、水利部成都山地灾害与环境研究所主办，中国科学院贡嘎山高山生态系统观测试验站协办，在景区所在地磨西镇举办了首届海螺沟国际山地论坛大会，来自美国、丹麦、日本、印度、巴基斯坦、苏丹等国与国内相关学科领域的学者120余人莅会进行了学术交流和野外考察，编辑了 *Menograph of Hailuogou 1st. International Mountain Forum*。

2017年10月21日至24日，在贡嘎山站建站30周年、海螺沟景区开营30周年暨甘孜州海螺沟院士专家工作站成立大会期间，举办了第二届海螺沟国际山地论坛，中国科学院院士孙鸿烈、秦大河、程国栋、夏军等100余人莅会进行了学术交流与野外考察。

2018年1月28日至30日，海螺沟景区管理局举办了以"不忘初心·砥砺前行"的海螺沟发展论坛为主题的景区开营30周年纪念大会，来自全国各地的200余名代表参加了论坛与野外考察。

出席海螺沟首届国际山地论坛的代表合影
摄影：贡嘎山站供稿，罗辑，2016年10月

出席海螺沟景区开营30周年庆祝大会嘉宾合影
摄影：海螺沟景区管理局供稿，何跃文，2018年1月

出席海螺沟第二届国际山地论坛的代表访问贡嘎山站
摄影：成都山地所供稿，陈飞虎，2017年10月

出席海螺沟第二届国际山地论坛的孙鸿烈院士（右三）等在冰川区考察
摄影：成都山地所供稿，陈飞虎，2017年10月

出席甘孜州海螺沟院士专家工作站授牌仪式的代表合影
摄影：贡嘎山站供稿，陈飞虎，2017年10月

部分参加海螺沟景区建设的老同志在景区开营30周年庆祝大会期间合影

摄影：成都山地所供稿，陈飞虎，2018年1月

参考文献

布特塞尔.1934.西康贡嘎山之高度与位置.李旭旦译.方志月刊,7(3).

陈富斌.1992.横断山系新构造研究.成都:成都地图出版社.

陈富斌.1993.贡嘎山海螺沟冰川与第四纪地质考察指南.成都:成都科技大学出版社.

陈富斌,边兆祥.1987.开发贡嘎山旅游资源,建设贡嘎山自然公园.大自然探索,6(2):141–144.

陈富斌,边兆祥.1988.海螺沟冰川公园.科学,40(3):174–178.

陈富斌,罗辑.1993.贡嘎山高山生态环境研究:第2卷.北京:气象出版社.

崔之久.1958.贡嘎山现代冰川的初步观察——纪念征服贡嘎山而英勇牺牲的战友.地理学报,24(3):318–338.

汧支.1930.打箭炉以南新发现之最高峰问题.中国地学会地学杂志,2.

冯兆东.1986.贡嘎山冰川考察研究//中国科学院青藏高原综合科学考察队.青藏高原研究横断山考察专集(二).北京:北京科技出版社.

甘孜州林学会,甘孜州林业科学研究所.1988.贡嘎山海螺沟冰川森林考察专辑.甘孜林业科技,2.

哈姆.1931.国立中山大学川边调查团民国十九年至二十年旅行记略.李承三译.自然科学,3(2).

海螺沟景区管理局.2011.海螺沟.北京:中国旅游出版社.

海螺沟景区管理局.2014.海螺沟旅游.北京:中国旅游出版社.

何耀灿.1990.海螺沟环境地质的研究.四川地质学报,10(1):43–48.

何耀灿.1990.贡嘎山东麓海螺沟的温泉资源.资源开发与保护杂志,6(4):219–223.

何耀灿.1991.贡嘎山海螺沟环境地球化学背景.四川地质学报,11(1):59–66.

赫伯特·斯蒂文斯.2002.经深峡幽谷走进康藏:一个自然科学家经伊洛瓦底江到扬子江的游历.章汝雯,曹霞译.成都:四川民族出版社.

李承三.1939.西康泸定磨西面之水利问题.地质论评,4(5):367–372.

李吉均,宋明琨,秦大河,等.1983.贡嘎山冰川考察//中国科学院青藏高原综合科学考察队.青藏高原研究横断山考察专辑(一).昆明:云南人民出版社.

李吉均,苏珍.1996.横断山冰川.北京:科学出版社.

林强.2003.海螺沟——我灵魂的家园.成都:四川美术出版社.

刘照光.1985.贡嘎山植被.成都:四川科技出版社.

罗辑.1998.贡嘎山东坡植被原生演替群落排序//陈富斌,高生淮.贡嘎山高山生态环境研究.成都:成都科技大学出版社.

吕儒仁.1994.海螺沟流域内的泥石流//第四届全国泥石流学术讨论会论文集.兰州:甘肃文化出版社.

蒲健辰.1994.中国冰川目录Ⅷ长江水系.兰州:甘肃文化出版社.

任乃强.1945.关于木雅贡嘎.康导月刊,6(7-8).

施雅风,黄茂桓,姚檀栋,等.2000.中国冰川与环境——现在、过去与未来.北京:科学出版社.

苏珍,刘时银,等.1998.贡嘎山季风海洋性冰川的初步研究//陈富斌,罗辑,贡嘎山高山生态环境研究.成都:成都科技大学出版社.

王彦龙,邹文章.1984.贡嘎山海螺沟雪崩与冰川.冰川冻土,6(2):37-45.

魏大鸣,古振今.1935.西康贡嘎雪山调查记.新亚细亚,8(5)-9(2-5).

印开蒲.1987.贡嘎山地区的珍稀植物.大自然探索,6(2).

郑本兴.2006.横断山系第四纪冰川//施雅风.中国第四纪冰川与环境变化.石家庄:河北科学技术出版社.

中国科学院成都地理研究所.1983.贡嘎山地理考察.北京:科学技术文献出版社.

钟祥浩,罗辑,吴宁,等.1997.贡嘎山森林生态系统研究.成都:成都科技大学出版社.

周华明,等.2014.贡嘎山保护区鸟类.成都:电子科技大学出版社.

Chen F B,Li X,Peng J W,et al.1991.Quaternary glaciation and neotectonics in western Sichuan Province.Internatonal Union for Quaternary Reseach XIII International Congress,Excursion Guidebook Ⅻ.Hefei:Press of University of Science and Technology of China.

Edgar J H.Note accompanying sketch of the Gang Ka.Journal of the West China Border Research Society.

He Y W.1996.Hailuogou glaciation and quaternary geology of Gongga Mountain(Minya Gongga),30th IGC Field Trip Guide T372.Geological Publishing House.

Heim A.1936.The glaciation and soliflution of Minya Gonkar.Geographical Journal,87(5):444-454.

Joseph F.1930.Rock.The glories of the Minya Konka.The National Geographic Magazine,58(4):10.

Viola Imhof.1995.Die Minya-Konka-Expedition von Eduard Imhof 1930.Die Alpen,71(3).

附录　海螺沟冰川森林公园第一批景点目录

磨西台地景片

1　磨西天主教堂与红军长征途中毛泽东主席住地

2　磨西面花岗岩大漂砾与大杉树

3　磨西面冰水台地田园风光

杉树坪温泉景片

4　杉树坪温泉

5　杉树坪冰碛丘与小沟冷泉

6　棕榈林

窑坪温泉景片

7　窑坪温泉

8　连香树群丛与天然猕猴桃园

9　然川赤芍园

青石板沟景片

10　包果柯林与山地亚热带常绿阔叶林带

11　包果柯附生植物

12　青石板沟康定木兰与瀑布群，山地亚热带常绿
　　阔叶与落叶阔叶混交林带

13　大湾子天然大百合园

14　大湾子康定木兰林与冰川河谷湍流景观

热水沟景片

15　热水沟口观景台（待建）：垂直自然带谱

16　漂砾上的红豆杉与寄生红豆杉

17　漂砾上的杜鹃、独蒜兰群丛

18　热水沟温泉

草海子景片

19　麦吊云杉、杜鹃林

20　草海子冰碛湖与亚高山暖温带针阔叶混交林带

21　大叶杜鹃林与草海子观景台

22　洞嘎寺大漂砾

23　黄崩溜沟下游麦吊云杉林

24　麦吊云杉王

冰川河坝景片

25　大白杜鹃林

26　倒冲桥树生杜鹃、长松萝群落

27　迷路亭

28　松田宏也遇救地

29　大岩窝

30　冰碛堤与冰川迹地植被原生演替景观

黄崩溜沟景片

31　黄崩溜沟冷杉林与亚高山寒温带暗针叶林带

32　黄崩溜沟冷杉林与冷杉生长节律

33　三营观景台：日照金山（雪山金色）

34　贡嘎山高山生态系统观测试验站

35　黄崩溜沟泥石流迹地森林原生演替模式景观

36　黄崩溜沟峨眉冷杉、杜鹃群落

37　杜鹃坪峨眉冷杉、杜鹃林与1号冰川冰舌观景台

冰川舌景片

38　冰川是大河的母亲

39　冰川城门洞与冰涌泉

40　北壁（左岸）冰川磨光面

41　南壁（右岸）冰川磨光面

42　冰塔林

43　阶梯状冰墙

44　冰洞群

45　冰杯、冰井与冰面湖

46　冰岩与冰川层理

长草坝景片

47　冰川弧拱

48　黑松林观景台（待建）：大冰瀑布与冰雪崩

49　冰川游览警戒线

50　长草坝观景台：1号冰川大冰瀑布与冰川舌

51　四营1号冰川概貌与银瀑－金山

52　长草坝红石滩

53　贡嘎山登山英雄纪念碑

54　2号冰川

55　3号冰川

56　长草坝高山草甸与海螺沟源区冰川地貌

马日岗景片

57　马日岗独叶草群丛

58　马日岗高山杜鹃林

59　马日岗观景台（待建）：海螺沟冰川全貌

二层山景片

60　二层山观景台（待建）：贡嘎山与孙中山峰等
　　冰蚀群峰